中华文化元素
ZHONGHUA WENHUA YUANSU

冯天瑜　姚伟钧　主编

园林
YUANLIN

曹林娣　著

長春出版社
国家一级出版社
全国百佳图书出版单位

图书在版编目（CIP）数据

园林 / 曹林娣著. — 长春 : 长春出版社, 2016.12（2020.1 重印）
（中华文化元素丛书 / 冯天瑜，姚伟钧主编）
ISBN 978-7-5445-4693-5

Ⅰ. ①园… Ⅱ. ①曹… Ⅲ. ①园林艺术－中国 Ⅳ.
①TU986.62

中国版本图书馆 CIP 数据核字（2016）第 282230 号

园　　林

著　　者： 曹林娣
责任编辑： 胡　新　李春龙
封面设计： 王国擎

出　　版： 長春出版社　　总编室电话：0431-88563443
地　　址： 吉林省长春市建设街 1377 号　　发行部电话：0431-88561180
邮　　编： 130061
网　　址： http://www.cccbs.net
制　　版： 长春出版社美术设计制作中心
印　　刷： 长春天行健印刷有限公司

开　　本： 787 毫米 ×1092 毫米　1/16
字　　数： 148 千字
印　　张： 18.5
版　　次： 2016 年 12 月第 1 版
印　　次： 2020 年 1 月第 2 次印刷
定　　价： 58.00 元

总　序

一

由别具慧眼的长春出版社策划的本丛书，以蕴含中华文化元素的诸事象为描述对象，试图昭显中华文化的特质、流变和前行方向。

“元”意谓本源、本根，“素”意谓未被分割的基本质素，合为二字词“元素”，原为化学术语，本义是具有相同核电荷数（即相同质子数）的同一类原子的总称，如非金属元素氧（O）、金属元素铁（Fe），是组成具体自然物——氧化铁（Fe_2O_3）的基本质素。

作为化学术语的汉字词“元素”，由日本江户时代的兰学家宇田川榕庵（1798—1845）在所著《植学启原》（1834）和所译《舍密开宗》（1837）

中创制，是对荷兰语 grondstof 的意译。清末来华的美国长老派传教士丁韪良（1827—1916）在《格物入门》（1868）中创汉字词“原质”，意译同一西洋术语（英文为 element）。清末民初，汉字词“元素”自日本传入中国，逐渐取代“原质”。1915 年，中国科学社董事会会长任鸿隽（1886—1961）在《科学》杂志第一卷第二号上发表《化学元素命名说》，为中国较早使用“元素”一词的案例。[①]

在现代语用实践中，“元素”这一自然科学术语被广为借用，泛指构成事物的基元，这些基元及其组合方式决定事物的属性。“文化元素”指历史上形成并演化着的诸文化事象中蕴藏的富于特色、决定文化性质的构成要素。

本丛书论涉的“中华文化元素”，约指中华民族在千百年的历史进程中（包括在与外域文化的交融中）铸造的具有中国气派、中国风格、中国韵味的基本质素，诸如阴阳和谐、五行相生相克、家国天下情怀、民本思想、忧患意识、经验理性导引下的理论与技术、儒释道三教共弘的非排他性信仰系统、区别于拼音文字的形义文字及其汉字文化，等等。它们生长发育于中华民族生活方式、思维方式的运行之间，蕴藏于器物文化、制度文化、行为文化（风俗习惯）和观念文化的

①聂长顺，肖桂田：《近代化学术语元素之厘定》，《武汉大学学报》（人文科学版）2010 年第 6 期。

纷繁具象之中，并为海内外华人所认同。

二

文化的各个不同级次、不同门类包含着各具个性的中华元素。如水墨画的书画同源、墨分五色，武术的技艺合一、刚柔相济、讲究武德，园林的天然雅趣和“可居可游可赏”追求，民间风俗文化涵泳的吉祥、灵动、热烈、圆满，建筑中使用“中国红”（体现生命张力）、中轴线、对称与不对称美感，等等。

汉字及汉字文化是中华元素的一个案例。

世界各种文字都是从象形文字进化而来，多数文字从象形走向拼音，而汉字则从象形走向表意与表音相结合的“意音文字”，近有学者将汉字归为“拼义文字”，即注重语义拼合的文字：首先创造多个视觉符号作为表达万象世界的基本概念，然后将这些符号组合起来，用小的意义单位拼合成大的意义单位，表达新事物、新概念。[①]

自成一格的汉字创发于中国，是世界上仅存的生命力盎然的古文字，它主要传播于东亚，成为东亚诸国间物质文化、制度文化和精神文化互动的语文载体。在古代，中国长期是朝鲜、

①张学新：《汉字拼义理论：心理学对汉字本质的新定性》，《华南师范大学学报》(社会科学版)2011年第4期。

日本等东亚国家的文化供给源地；至近代，日本以汉字译介西方文化，成效卓异，日制汉字词中国多有引入。汉字在汉字文化圈诸国所起的作用，相当于拉丁文在欧洲诸国所起的作用，故有学者将汉字称为“东亚的拉丁文”。汉字是中华文化系统中影响最为深远广大的文化符号。

20 世纪初，日本学者内藤湖南（1866—1934）提出“中国文化圈”概念，指以中国为文化源及受中国文化影响的东亚地区，日本是“中国文化圈的一员”，他在《中国上古史》中说：“所谓的东洋史，就是中国文化发展的历史”，是以汉字为载体的中国文化在东亚地区传播的历史。[1]此论阐发了汉字这一中华元素在东亚文化圈的重要意义。

中国人在 20 世纪 30 年代即对日本学者提出的东洋文化史观做出回应，傅斯年（1896—1950）在 1933 年著《夷夏东西说》，概括东亚文化的特别成分：

> 汉字、儒教、教育制度、律令制、佛教、技术。[2]

这是中国学者对东亚文化圈的要素即“中华元素”做出的提取。

承袭内藤说，日本的中国史学家西嶋定生

①［日］内藤湖南：《中国上古史》，《内藤湖南全集》卷十，东京：筑摩书房，1997 年。

②傅斯年：《夷夏东西说》，《中央研究院历史语言研究所集刊》外编第一种，1933 年。

（1919—1988）在二战后所著《东亚世界与册封体制——6—8 世纪的东亚》中指出，东亚世界存在一个以中国为册封中心，周边诸国（日本、朝鲜）为册封对象的“册封体制”，从而提出东亚地区的一种“文化圈”模型。西嶋定生在《东亚世界的形成》中概括汉字文化圈的诸要素（或称“中华元素”）：

> 一、汉字文化，二、儒教，三、律令制，四、佛教等四项。其中，汉字文化是中国创造的文字，但汉字不只使用于中国，也传到与其语言有别又还不知使用文字的邻近诸民族……而其他三项，即儒教、律令制、佛教，也都以汉字作为媒介，在这个世界里扩大起来。[①]

1985 年，法国汉学家汪德迈在《新汉文化圈》一书中论述“汉文化圈”的特点：

> 它不同于印度教、伊斯兰教各国，内聚力来自宗教的力量；它又不同于拉丁语系或盎格鲁－撒克逊语系各国，由共同的母语派生出各国的民族语言，这一区域的共同文化根基源自萌生于中国而通用于四邻的汉字。[②]

①［日］西嶋定生：《东亚世界的形成》，参见刘俊文主编，高明士等译：《日本学者研究中国史论著选译》第二卷，中华书局 1993 年，第 88 页。

②［法］汪德迈：《新汉文化圈》，陈彦译，江西人民出版社 1993 年，第 1 页。

这里着重表述“中华元素”之一种——汉字的功能，汉字深刻影响东亚人的思维方式和表达方式，使汉字文化圈成为一个有着强劲生命活力的文化存在。

三

“中华元素”并非凝固不变、自我封闭的系统，它具有历史承袭性、稳定性，因而是经典的；具有随时推衍的变异性、革命性，因而又是时代的，2008 年北京奥运会开幕式表演突显四大发明，2010 年上海世博会中国馆采用中国红，皆为古老的中华元素的现代展现；中华元素是在世界视野观照下、在与外域元素（如英国元素、印度元素、日本元素、印第安元素）相比较中得以昭显的，故是民族的也是国际的，是中国的也是世界的。美国好莱坞动画片《功夫熊猫》《花木兰》演绎中华元素并获得成功，便是一个例证。

文化元素并非游离于文化事象之外的神秘存在，它们从来都与民族、民俗、民间的文化实践相共生，始终附丽并体现于器物、制度、风俗诸方面的具体文化事象和文化符号之中。中华元素之于文化事象，如魂之附体，影之随形，须臾不可分离。从诸文化事象（如江南园林、八大菜系、春节中秋等节庆、书画篆刻、昆曲京剧、武当少林功夫）的生动展现中提取中华元素的魂魄，昭显大众喜闻乐见的文化符号（如深蕴和谐精义的太极八卦图，代表四方、四季的“四灵”——青龙、白虎、朱雀、玄武，代表中央的麒麟）包蕴的精义，是本丛书的使命。

本丛书由阐发体现中华元素的若干文化事象（如园林、饮食、节庆、书画、宫殿、戏曲、服饰、汉字、武术、钱币、宗族、书院、姓名、茶等）的系列作品组成。

中华元素是构建当代中国文化及其核心价值体系的基本成分之一，是塑造国家形象、提升国民精神的重要资源。开掘并弘扬中华元素，有助于加深中国文化对国人的感召力、亲和力，增强历史敬畏感和时代使命感，提升民族自信心和文化传承创新的自觉性。

抉发中华元素还有一层意义：通过蕴藏中华元素的文化事象、文化符号，彰显可亲可敬的中国风格，奉献给异域受众，增进国际传播，推动中国文化“走出去”。

本丛书的选题及其撰写沿着“即器即道”的文化史路数，避免一味虚玄论道，也不停留于文化现象的就事论事，而追求道器结合——于形下之器透现形上之道，又让形上之道坐实于形下之器，使中华元素从文化事象娓娓道来的展示中得以昭显。

冯天瑜

2016 年 10 月

于武汉大学中国传统文化研究中心

前　言

一

“物竞天择，适者生存”，人类在选取栖息地时，对优越的自然环境有着本能的偏好，这种先天的偏好，早已载入基因之中，并潜意识地影响着人类的审美行为。

养育中国古代文化的是一种区别于开放性海洋环境的半封闭的大陆岸型地理环境，这样的地理环境决定中国古代特定的物质生产方式、社会组织和格局，以及民族社会心理特征。中华先人以此为依据，创制了中国传统居住形态，而宅园一体的园林更是其中最为优雅的生活环境。

数千年来，以农立国的中国，园林追求自然与人的和谐，充满诗情画意，被西方人称为“梦幻艺术”。联合国教科文组织专家哈利姆博士说，具有“美好的、诗一般的境界”，是山水画意式园林。刘敦桢先生在为童寯的《江南园林志》写的序中自豪地说：“惟我国园林，大都出乎文人、画家与匠工之合作，其布局以不对称为根本原则，故厅堂亭榭能与山池树石融为一体，成为世界上自然风景式园林之巨擘。”中国古典园林也滋育了朝鲜、韩国、越南和日本的园林。这样，就形成了以中国为代表的东方、西亚和欧洲三大园林体系。

作为文化载体的中华知识天才们所追求的生命哲学来自精神与物质两个层面，也就是唐代诗人白居易在《庐山草堂记》中感到的“外适内和”。“外适”，指山水风月作用于人生理上的享受；“内和”，则指悠闲自在的心灵境界，只有“乐丘园”“养志忘名”“从容于山水诗酒间”的“高人”，才能获得这种精神和物质的双重享受，那是中国最聪慧的哲人们所累积的生活科学。

美国符号论美学家苏珊·朗格在《艺术问题》中说，艺术品也是情感的形式，与人的理智、情感所具有的动态形式同构。中国园林同属诗画艺术载体，强调的是诗的精神涵养、画的美境陶冶，同时获得大自然声色气味泛神性的喜悦，组成中国人的诗意人生，构成高雅浪漫的东方情调。中国古典园林成为荟萃文学美、哲学美、绘画美、建筑美、植物美等综合艺术殿堂，承载东方格调最集中最优雅的载体，它保存了中华民族特有的“生命印记”，体现着中华文化精英累积起来的生存智慧和生活艺术。

尽管这种生态智慧不是以所谓的技术理性的思维方式来呈现的，而是以直觉思维与“天人合一”的整体意会的体道方式来感悟的，但若与西方科学技术理性互为补充且表里一致，以促进其将直觉思维发展成现代文化生态系统思维，可望使这种朴素的生态智慧升华为完善的、科学的生存智慧。

二

中国古典园林滥觞于商周，发展于魏晋，成熟于唐宋，发达于明清。

笃信鬼神的殷商先民祭天之台，象征着高山巨岳，是人王与“天”通话、受命于天的特殊场所，是圣坛。这些高台逐渐发展成为诸侯华贵宫苑逸乐游宴的审美主体。

在殷商甲骨文中，就出现了“囿”字，囿是在一定自然范围内放养动物、种植植物、挖池筑台，然后供皇室打猎、游观、通神明之用，到商末逐渐成为满足人王精神享乐的重要内容。其中，最为著名的是商纣王所建宫苑建筑——鹿台。

两周时期，作为“职业知识人”的巫觋，成为官方的行政长官，统称为“士”。随着民族意识日益觉醒，道德精神不断独立，形成了道德之意为主导的学术思潮，文王灵台成为“与民同乐”的“仁义”载体。

《论语·子罕》载，孔子曰：“岁寒，然后知松柏之后凋也。”自此，松柏的韧性精神，成为“比德”美学思想的重要母题。

孔孟关于“无道则隐”“穷则独善其身”，以及守拙保真等人格美学思想，为传统文人理想受挫时提供了一片思想领地。

楚国伟大诗人屈原，以美善统一的艺术审美理想为前提，继承和发展了孔子“诗可以怨”的诗学思想，并在作品中创造了带有象征性质的香草美人系列，香草美人意象形成了一个源远流长的美学传统。

战国方士们迎合帝王希望长生的现实功利需要，创造了神仙说。古人认为神仙在地下的栖息处是与天最接近的崇高山岭，“仙”字从山从人，《玉篇》曰：“仙，轻举貌，人在山上也。”后世道教的仙境三十六洞天七十二福地，大多以名山为主景，或兼有山水。

战国时期宋国蒙人庄周，放荡不羁，虽生活贫困，却宁可“游戏污渎之中自快，无为有国者所羁”。在其《庄子》一书中，进一步拓展了自然审美的范畴，天空、山川、河流、草木虫鱼乃至神人都成为审美对象，开始摆脱了实用功利的束缚，不再局限于“比”“兴”的价值取向，而具有了独立的意义：在庄子看来，自然不仅是审美的对象，更是可以参与其间的审美场所。

先秦以老庄为代表的道家适己无为的人格理想，与儒家君子理想，构成了中国传统文人的内在精神世界，中国文人正是拥抱着老庄人格理想，走向山水田园的。

园林逐渐完成了由自然生态到人工摹拟的转变，从原始的生活文化形态走向自然模仿的文化形态。

原始神话在秦汉时代大量改编为仙话。天堂、昆仑、蓬莱仙境成为遥不可及的美丽憧憬……长着不死药、不死草的昆仑神界乐园，首先搬进秦皇汉武的山水宫苑——上林苑中。一池三山的“秦汉典范”成为后世园林的一大景境范式。

魏晋文人出现了前无古人后鲜来者的山水癖。拥有文化并拥有独立庄园的魏晋士人“玄对山水”，逐渐从青山绿水中找到了任人啸傲的“仙境”，于是挖池堆山，乐于丘亩之间，出现了“有若自然”的士人山水园林，作为文人士族进行游赏活动的环境。

南朝刘宋时期，著名的绘画理论家宗炳（375—443）的《画山水序》，提出了“澄怀”与“畅神”之说，“澄怀”，就是要胸无尘浊杂念，即“洗心”，与庄子的“心斋”是一致的。

私家园林从汉代的宏大一变而为这一时期的小型规模，意味着园林内容从粗放到精致的跳跃。构园的创作方法从单纯的写实过渡到写意与写实相结合，私家园林形成了足以和皇家园林相媲美的类型特征。同时，名山胜境也成为佛寺道观的最佳选择。

在时代精神气候的浸染下，帝王宫苑在布局和内容上既继承了汉代苑囿的某些特点，又增添了较多的自然色彩和写意成分。帝王们也都有追求自然野趣的雅尚，服膺士人园林的高逸格调，酷爱园林。

隋唐两宋，是中国园林美学升华成熟的阶段。盛唐统一大帝国的勃勃生命力，不仅融合了南秀北雄的文风，而且兼容了世界的辉煌文化，诗歌、绘画、书法、音乐、舞蹈等灿烂辉煌，造就了中华大帝国的鼎盛时期。

中唐时期，时代精神已不在马上，而在闺房；不在世间，而在心境；不是对人世的征服进取，而是从人世的逃遁退避，人的心情意绪成了艺术和美学的主题。士大夫们找到了“结庐在人境”、可以供人日涉成趣的宅园这一园林样式，白居易晚年归休之私园——洛阳城内的“履道里园”中的水、竹已经成为白居易审美情感的人格化呼应对象，具有浓厚的抒情写意色彩。

宋代以儒立国，儒道之振，独优于前代，文人皆具全才型文化品格，琴棋书画诗酒茶、雅玩清赏构园，成为他们的生活内容和生活方式，文化艺术各门类互融互通，诗画渗融为一。

元明清是中国园林艺术集成期，《园冶》《长物志》《闲情偶寄》等构园理论著作相继涌现，标志着中国园林艺术的成熟。三代皆于北京建都，北京成为皇家宫苑及达官贵戚私家园林集中的地方。“城市山林”成了“大隐于朝”“中隐于市”的理想环境和“可居可游可赏”的生活空间，成为人类环境创作的杰构。

中华数千年的构园实践，绽放出绚烂的理论之花：蜚声海内外、号为“千古未闻”之作的《园冶》，是我国最早、最系统、最完整的园林美学论著，它出于明代诗人、画家兼造园艺术家的苏州人计成之手。日本大村崖《东洋美术史》呼其为《夺天工》，尊之为世界造园学最古的名著。书中总结的“虽由人作，宛自天开”成为构园最高理论圭臬；“巧于因借，精在体宜”的构园原则，亦为千古不朽之说。《园冶》体现的绿色发展理念、生态生活方式、宜居的环境美学理想等，均为当代可持续发展的理念。其它如代表中华雅文化的《长物志》、“中国人生活艺术的指南”的《闲情偶寄》等构园理论著作等，都标志着中国园林艺术发展的高度成熟。

三

一体多元的中国文化土壤，滋育了同样一体多元的中国古典园林。中国古典园林因地域、所属关系等不同，有不同的称谓：以地域划分，有北方园林、江南的苏州园林、岭南园林和扬州园林、徽州园林等；以所属关系来划分，则又有皇家园林、私家园林、寺庙园林、衙署园林等。且形成了各自的风格特点，诸如："巨丽"庄重的北方皇家园林、古雅精巧的苏州园林、华赡实用的岭南园林、朴野秀丽的徽州园林、以健笔写柔情的扬州园林等，各具风采。

总体来说，中国古典园林以北方皇家园林和苏州私家园林为典型代表，其中颐和园、承德山庄和苏州的拙政园、留园称为中国四大名园；四大名园和苏州的网师园、环秀山庄、沧浪亭、狮子林、艺圃、耦园、退思园被列入世界文化遗产名录，成为全人类的文化瑰宝。

中国古典园林构园之理即山水画理，宋代的郭熙在《林泉高致·山水训》中说："山以水为血脉，以草木为毛发，以烟云为神采。故山得水而活，得草木而华，得烟云而秀媚。水以山为面，以亭榭为眉目，以渔钓为精神，故水得山而媚，得亭榭而明快，得渔钓而旷落，此山水之布置也。”实际上已经将园林构成的虚实元素，即渔钓精神和山水、植物、建筑四种物质元素之间的关系作了形象的描述。

本书主要解读中国古典园林亭榭、山水、草木、陈设等各类物质构成要素蕴含的“渔钓精神”，并揭示构园之“心”及中华文人诗意栖居的园居生活艺术。寺庙园林、陵寝园林等则是古典园林技艺在某种程度上的衍化，不作赘论。

目　录

目　录

第一章　因心构园

诗文兴情以造园。构园之首要者，乃“陶钧文思”“意在笔先”，即方士庶所谓“因心造境”；再窥建筑、山水、植物等意象“以手运心”，将胸中所蕴奇发抒略尽。如是，则无论皇家宫苑，抑或私人片山斗室，皆能情在境中，状溢目前。游赏者亦可披文以入情，正所谓登山则情满于山，观海则意溢于海。

第一节　皇极意识

中国园林滥觞于君王的“园囿”和进行宗教活动的“高台”，至“千古一帝”秦始皇时，以天界的秩序作为艺术模仿的对象，在地上造起臆想中的“天堂”。所“筑咸阳宫（信宫亦称咸阳宫），因北陵营殿，端门四达，以则紫宫，象帝居”“周驰为复道，度渭属之咸阳，以象太极阁道抵营室也”。《史记·秦始皇本纪》中也载：“更命信宫为极庙，象天极。自极庙道通骊山，作甘泉前殿……（阿房宫【图 1–1】）表南山之巅以为阙，为复道。自阿房渡渭，属之咸阳，以象天极阁道绝汉抵营室也。”汉武帝广开上林，所筑宫室，也是“体象乎天地，经纬乎阴阳。据坤灵之正位，仿太紫之圆方”。

自此，皇家宫苑规矩制度，上应星宿成为定式，“宫”是帝王宫殿包括寝宫，“苑”为附属

图1–1 清代袁江《阿房宫图屏》
北京故宫博物院藏

于宫殿的后花园。如故宫的御花园，本是皇帝寝宫的后花园，位于故宫中轴线建筑群的尾端，前朝后寝，成为“家国同构”的形象载体。

还有一类处处效法皇家宫苑的“私园”，如汉景帝弟梁孝王的“兔园”及明清北京城内王公贵族的“赐园”，实际上是宫苑的变体。如位于北京什刹海柳荫街的萃锦园，该园初归清乾隆宠臣和珅，嘉庆帝赐给他的弟弟庆僖王，咸丰帝又转赐给他的弟弟恭亲王奕訢，遂成为恭王府。

离宫和行宫苑囿，恰似在一张白纸上作画，可以任意挥洒，最能体现帝王的营构意愿。

皇家宫苑既是专制帝王“避喧听政”之所，又是“林泉休憩”之处。皇帝自谓“天之骄子”，目空一切。“溥天之下，莫非王土”的“皇极意识”，造就了皇家园林“移天缩地在君怀”的“六合营造”心理。他们“括天下之美，藏古今之胜”，将人间胜境、天上仙苑、须弥灵境，囊括殆尽。

自战国齐鲁诸侯开始，统治者都梦想着成为地上活神仙，帝王们都希望“鸿基永固”，江山坚如磐石；六（鹿）合（鹤）同春，自己像“仙真人”一样“寿协仁符”。因此，在宫苑营构“一池三岛”的仙境也成了必不可缺少的艺术元素。帝王们惬意地遨游在他们的“神仙宫阙”之中“宁神受福”，做着长治久安、长享富贵的美梦。

欧阳修在《浮槎山水记》中曰：“夫穷天下之物，无不得其欲者，富贵者之乐也。至于荫长松，藉丰草，听山流之潺湲，饮石泉之滴沥，此山林者之乐也。”从皇家园林来看，帝王们兼具“富贵者之乐”和“山林者之乐”。与此同时，还不忘标榜自己的个人道德修养，诸如“圆而入神”“物滋南熏”，德高而睿智等，应了庄周所揭露的“窃国者为诸侯，诸侯之门而仁义存焉”！

一 艮岳意象

随着北宋建筑技艺和文人山水画、界画的长足发展，文人审美情趣偏于细腻、婉约、写实，山水园林兴造掀起高潮。皇家宫苑领风气之先，仅东京城内和近郊皇家宫苑就有琼林苑、金明池、玉津园和撷芳园等八九处之多，艮岳更是具有划时代的意义。

艮岳的设计出于北宋“诸事皆能，独不能为君”的亡国之君徽宗赵佶之手，宋人邓椿《画继》称赵佶“艺极于神”，诗、书、画、印四绝，尤以书法绘画天赋非凡，瘦金体书法更是独步天下。

在艺术上很有独创精神的赵佶，在营构皇家园林艮岳的创构中也独具只眼。笃信道教的赵佶，信从道士在京城内筑山能多子嗣之说，遂命户部侍郎孟揆于上清宝箓宫之东筑山象余杭之凤凰山，号曰万岁山，既成，更名曰“艮岳”，用八卦方位“艮”和名山“岳”名之，字面意思是宫城东北之山岳。很明显，艮岳是以山水为主题的创作。

艮岳以南北两山为主体，北山稍稍偏东，名万岁山，即艮岳，分东西二岭；南山称寿山，山后冈阜连属，峰峦崛起，望之若屏，两山折而相向环拱，构成了众山环列、仅中部为平地的形势。可见，全园以艮岳为构图中心，以万松岭和寿山为宾辅，形成主从关系。介亭立于艮岳之巅，成为群峰之主。正与《芥子园画谱》中的“宾主朝揖法”与“主山自为环抱法”合。据李质《艮岳赋》记载：“万形千状，不可得而备举也……皆物理之自然，岂人力之所能？”赵佶自己也宣称：“东南万里，天台、雁荡、凤凰、庐阜之奇伟，二川、三峡、云梦之旷荡，四方之远且异，徒各擅其一美，未若此山并包罗列。又兼其绝胜，飒爽溟涬，参诸造化，若开辟之素有，虽人为之山，顾岂山哉！”集天下诸山之胜于假山，而犹如生来就如此，“开辟之素有”！

山右为水，池水出为溪，自南向北行岗脊两石间，往北流入景龙江，往西与方沼、凤池相通，其间，濯龙峡、白龙沜、瀑布屏、曲江、雁池、砚池、凤池、大方沼等川峡溪泉、洲渚瀑布，形成了完好水系。

艮岳中亭台楼阁皆因势布列，且掩映在花木之中，诸如介亭、麓云、半山、极目、萧森、蟠秀、练光、跨云、承岚、昆云、浮阳、云浪、巢云诸亭；梅岭、杏帕、黄杨巘、丁嶂、椒崖、龙柏坡、芙蓉城、斑竹麓、罗汉岩、万松岭、倚翠楼、绛霄楼、芦渚、梅渚、流碧馆、环山馆、巢凤馆、三秀堂。高低错落，隐露相间，皆如“天造地设”一般自然生成。

艮岳还因境设景，如仿农舍建西庄、山庄，周围辟粳稼桑麻之地，山坞之中又有药寮，附近植杞菊黄精之属。曲江池中建蓬壶堂，象征仙境；形如蜀道的蹬道，外方内圆如半月的书馆，屋圆如规的八仙馆等。

赵佶虽无为君之能，但对“帝王威仪”十分在意，他在书画上的花押是一个类似拉长了的“天”字，据说象征“天下一人”。艮岳的山水安排，都体现“天下一人”的威仪：集神运、昭功、敷文、万寿等天下瑰奇特异之灵石，移南方艳美珍奇之花木，张淏《艮岳记》谓“所费动以亿万计，调民搜岩剔薮，幽隐不置，一花一木，曾经黄封，护视稍不谨，则加之以罪。斫山辇石，虽江湖不测之渊，力不可致者，百计以出之至，名曰‘神运’。舟楫相继，日夜不绝……”，这就是声名狼藉的“花石纲”！

艮岳完工不久即遇金人围城，于是，苑中山禽水鸟十余万尽投之汴河，并拆屋为薪，凿石为炮，伐竹为笓篱，大鹿数百千头杀之以飨卫士……“艮岳”也成为中国园林史上名副其实的“昙花”。昙花虽只“一现”，它的高雅、洁白和娇媚却是永恒的。

艮岳这座典型的山水宫苑，以情立意，以全景式山水画为蓝本、诗词品题为景境主题，启后世“搜尽奇峰打草稿”之画理，开“虽由人作，宛自天开”构园理论之先河，为元、明、清宫苑提供了全方位的借鉴。

二　圆而入神

盛清时代北京西郊建有著名的“三山五园”皇家宫苑，即清漪园（今颐和园前身）、静明园、静宜园、畅春园、圆明园。其中，圆明园被誉为“万园之园”。

“圆明园”三字，是康熙皇帝赐给胤禛（后为雍正皇帝）时亲题，取意于雍正自皇子时期一直使用的法号“圆明居士”。雍正解释曰：“圆而入神，君子之时中也！明而普照，达人之睿智也。”“圆”的最高境界是无论何时处理问题都能不偏不倚，个人品德圆满无缺，超越常人；“时中”一词，出自儒家经典《中庸》，孔子将“时”与“中”联系起来，说：“君子中庸，小人反中庸。君子之中庸也，君子而时中；小人之中庸也，小人而无忌惮。”“时中”即“随时以处中”，言行时时刻刻适中，丰富和发展了传统的“尚中”观念；“明”是思想锐敏，能洞察一切，政治业绩明光普照，完美明智。“圆明”是恪守圆通中庸、聪明睿智，正是“明君”的理想标准。

圆明园经乾隆的增建、改建和新建后，形成包括“圆明园”“万春园（绮春园）”“长春园”的基本格局，又经嘉庆、道光、咸丰三帝凡六朝皇帝长达 151 年的惨淡经营方始建成方圆 350 公顷的“万园之园”。

圆明三园集中华数千年建筑文化精华于一园，在一百多处景区中，大量集仿中华名胜，如：福海摹拟杭州西湖、“坐石临流”仿自绍兴兰亭、“文渊阁”仿自宁波“天一阁”，上下天光楼摹拟洞庭湖的岳阳楼等；有些连景名都直接照搬，如“狮子林”“安澜园”，西湖十景中的“断桥残雪”“柳浪闻莺”“平湖秋月”“雷峰夕照”“三潭印月”“曲院风荷”等。仅建筑的平面式样就有一字形、丁字形、工字形、圆形、六角形、八角形、十字形、田字形、亚字形、山字形、融字形，以及曲尺、套方、眉月等四十余种。

圆明园不仅集仿华夏名胜，还出于猎奇心理，将西洋建筑纳入中国文化与美感环境之中。福海以东的长春园北端“边缘地带”的狭长空间里，有一组隐藏于林木之中的西洋楼建筑群，自西向东包括谐奇趣、养雀笼、花园门、迷宫、方外观、竹亭、海晏堂、大水法【图 1–2】、远瀛观、线法山、线法墙、方河。都是乾隆出于对欧式喷水池的“猎美”心理而兴建的，而主要设计者为意大利传教士郎世宁（1688–1766）、水动力专家蒋友仁 (1715–1774) 和其他具有专业知识的教士们。由于耶稣会教士非职业建筑师，每一张蓝图都得经乾隆皇帝首肯，正如汪荣祖所言，乾隆为了维护中国价值，绝对会牺牲西洋品位。因此，郎世宁们为投乾隆皇帝之所好，不惜扭曲欧洲风格。

图 1–2 圆明园大水法遗址

西洋楼建筑群仅为一组大杂烩式的欧洲建筑：巴洛克、文艺复兴、法国式、洛可可风格皆有，楼内装潢诸如玻璃窗、地板、时钟、吊灯、花坛、油画等都很西式，但并没有出现巨型裸体像，却增加了多姿的中式飞檐、太湖石与竹亭等东方元素。因此，纯从设计的角度来看，庞大雄伟的巴洛克建筑显然与精巧玲珑的中国庭园并不搭调……西洋楼与圆明园其他景境并不是和谐的整体，而是有点像狮身人面的结合。欧式大楼配上唐式彩色琉璃瓦，有点像洋人戴瓜皮帽，很不协调。

圆明园的精华部分依然在中式园林部分，确实是"天上人间诸景备，洋洋洒洒一大观"。法国浪漫主义作家、人道主义的代表人物维克多·雨果惊呼：

> 一个近乎超人的民族所能幻想到的一切都荟集于圆明园。圆明园是规模巨大的幻想的原型，如果幻想也可能有原型的话，只要想象出一种无法描绘的建筑物，一种如同月宫似的仙境，那就是圆明园。假如有一座集人类想象力之大成的灿烂宝窟，以宫殿庙宇的形象出现，那就是圆明园。

三　鸿基永固

皇家园林都体现"君天下"的气派，还有一

个重要主题是希望“鸿基永固”，标榜以“德”治天下，怀柔天下，俯察庶类。

清时代的热河行宫避暑山庄【图 1–3】，是我国最大的皇家宫苑，据清张廷玉《恭注御制避暑山庄三十六景诗跋》所言：“至热河而形势融结，蔚然深秀。古称西北山川多雄奇，东南多幽

图 1–3 清代冷枚《避暑山庄图》立轴
故宫博物院藏

曲，兹地实兼美焉。”山庄的地形地貌恰如中国的版图缩影：山庄除了宫区外，东南湖区、中部平原区和西北山区，既有“风吹草低见牛羊”的蒙古草原风情，又有水光潋滟、洲岛错落的江南秀色，还有象征万里长城的蜿蜒起伏的宫墙；环抱的群山呈奔趋之势，犹如辅弼拱揖于君王左右的臣僚，有“顺君”之意。

康熙取山庄三十六景，景点题额皆取四字，乾隆增加到七十二景，题名为三字额。在中国古代，有阳三阴四、天三地四之说。据汉代历算研究，当圆的直径与方的边径相等时，圆和方的周径之比为 3：4，所以，确立了以三和四两数为圆方的象征。这又与中华先民的神话宇宙观“天圆地方”说完满统一，因而三和四作为天地之数中最具代表性的天数和地数。道教认为三十六具有与天相符的神秘意蕴，具有至尊、圆满等神圣意义。杨希牧推论“七十二”是象征天地阴阳至极之数，是天数九与地数八之积。从一至十这十个天数中，天九地八被视为最大的天地数，即阳数和阴数之极，两数之积，构成无与伦比的象征意义，具有天地交泰、阴阳合德、至善至美的神秘意义。

山庄外所建的“外八庙”（实为 12 座，其中的 8 座由清政府直接管理），庙宇有藏式、汉式和汉藏结合式三种形式，与山庄呈“众星拱月”

之势，象征“四方朝揖，众象所归”，并有“北压蒙古，右引回部，左通辽沈，南制天下”的军事意义。山庄设表演摔跤、赛马场的“试马埭”、宴请少数民族首领和外国使节的“万树园”【图 1–4】、军事演习性质的“木兰围场”，以上都充分体现了“合天下之心，成巩固之业”的帝王心理。

行宫名“避暑山庄”，“山庄”本身名义就含有“仁者乐山，仁者寿”之意，又地处“承德”，似乎这里的山、水、石、林和野生动物都沐浴着皇帝的恩泽，乾隆《山中》诗说：“鸟似有情依客语，鹿知无害向人亲。”

山庄生态平衡，环境卫生，有利于避暑养生。这里山岳区占总面积的 70% 以上，自然山岳重

图 1–4 清代王致诚《万树园赐宴图》
北京故宫博物院藏

峦叠嶂，逶迤起伏，成为登高望远、观瀑听泉、养鹿放鹤的胜地，而且，“土肥水甘，泉清峰秀”，草木丰茂，尤多松林，松脂散发的芳香有杀菌之效。木兰围场的雪水、山庄荷叶上的露水，都是上好的水质，“风泉清听”的泉水有“注瓶云母滑，漱齿茯苓香”之誉。

皇帝寝宫“烟波致爽殿”，纤尘不到，积雾全空，爽朗清凉；东南湖面形状各异的洲岛，间以桥堤相连，康熙觉得这里“草木茂，绝蚊蝎，泉水佳，人少疾”，所以将河堤名“芝径云堤”，恰似长寿仙草灵芝。

四 寿协仁符

恭王府萃锦园和颐和园【图 1–5】集中体现了帝王门的“福”“寿”意愿。

萃锦园，“萃锦”，意谓联翩美景如五彩的丝织品聚集之园。贯穿全园的中心主题是“福”。

图 1–5 颐和园

全园分中、东、西三路成多个院落。如中路第一进三合院院落，水池做成一只向前飞舞的蝴蝶（一曰蝙蝠）平面，“蝶”与“耋”谐音，毛传：“耋，老也；八十曰耋。”借指高寿；又取“蝴”的谐音“福”，而名为福河、蝠池，福寿双全。第二进为四合院，正前方高耸一太湖石，名滴翠岩，岩下秘云洞内嵌康熙手书“福”字碑，福字右上角像一“多”字，左偏旁极似“子”和“才”字，右偏旁像个“寿”字，下边为“田”，福字蕴含着“多田多子多才多寿多福”五福。恭亲王奕䜣的会客厅名“多福轩”。最后一进院落是翠竹棚顶与两边的耳房折曲相连形成蝙蝠双翅的建筑形状的“蝠厅”。从园门、飞来峰、蝠池、安善堂、方池、假山、邀月台、绿天小隐、蝠厅都处在一条中轴线上。中路建筑和山水基本对称，东、西两路山体对称。三条轴线和恭王府府邸中、东、西三组院落对应，这些都与恪守严谨的中轴线和对称均衡格局的宫庭禁苑同构。全园有“福海”、“蝠池”、福字碑、多福轩、蝠厅，可以概括为“福园”，难怪人们要说，到恭王府沾“福气”！

颐和园重建于1888年，遗址为原清漪园，“颐”为《易经》卦名，《序卦》“颐者，养也”，“颐”保养。《易·颐》：“观颐，自求口实。”李鼎祚集解：“虞翻曰：‘观颐，观其所养也。’郑玄曰：‘颐，养也。’”晋葛洪《抱朴子·道意》：“养其心以无欲，颐其神以粹素。”“颐和”谓颐养天和，天和即人体之元气。《文子·下德》：“竭其天和，身且不能治，奈治天下何！”晋葛洪《抱朴子·道意》：“精灵困于烦扰，荣卫消于役用。煎熬形气，刻削天和。”乾隆准备退位后养老之所名颐和轩，1776 年（乾隆四十一年），乾隆作诗云：“此时仍尽瘁，他日拟颐和。”颐和园，即颐养人体之元气，那时光绪已经到了亲政的年龄，慈禧也表示要归政养老，就如乾隆将准备退位之所名颐和轩一样，光绪为表示孝敬，改名为“颐和园”。全园主要布局围绕着“寿”：

颐和园宫区从东宫门进去是仁寿门，取意《论语》中“仁者寿”，迎面五块太湖石叫峰虚五老，寓意长寿。光绪将乾隆时的勤政殿改为仁寿殿，实际上只有“寿”而没有“仁”了，仁寿殿内地平床上有九龙宝座。将乾隆手书《座右铭》的屏风，换成紫檀木九龙屏风，中心是玻璃镜面上写有 226 个不同书体的寿字。而殿内两侧的暖阁当中有一幅百蝠图的缂丝工艺品，中间还有一个慈禧亲笔写的寿字，称百福捧寿。殿中的匾额为“寿协仁符”【图 1–6】，“寿”和“仁”符协，符协即吻合，即长寿者则仁。

慈禧所住建筑名“乐寿堂”，“乐寿”出《论语》中“智者乐，仁者寿”，“智仁”和“乐寿”兼备。“仁者寿”，《疏》称：“言仁者少思寡欲，

图 1-6 颐和园仁寿堂

性常安静，故多寿者。”

庭院中陈设铜鹿、铜鹤、铜花瓶，分别借鹿、鹤、瓶的谐音，取意“六合太平”。院内还种植有玉兰、海棠、牡丹，取意“玉堂富贵”。中间状若灵芝的太湖石“青芝岫”。鹿、灵芝既象征长寿，又歌颂了慈禧。古人认为：“天鹿者，纯灵之兽也。五色光耀洞明，王者道备则至。”

万寿山、昆明湖为主体的是苑林区。长廊连接万寿山与昆明湖，廊上亭额为蝙蝠造型。当年是乾隆皇帝为母亲祝寿，将瓮山赐名万寿山，取意长寿。万寿山前山最宏伟的一组建筑，是以排云殿为中心的祝寿庆典区，从临湖码头到山顶的智慧海，分布有排云门、排云殿、佛香阁、众香界、智慧海等主要建筑。构成了万寿山的中轴线。排云殿建在乾隆年间大报恩延寿寺中大雄宝殿的遗址上，用晋代诗人郭璞“神仙排云出，但见金银台”的诗句命名，有将慈禧喻为神仙之意。殿内，除了宝座、屏风等常规陈设以外，还有用台湾乌木雕刻的屏风，沉香木雕刻的寿字，圆镜插屏，金漆梅花（梅花五福）树船和桦木根雕群仙祝寿。

佛香阁、众香界和智慧海是乾隆年间大报恩延寿寺的一部分。据北京西城区作家协会的成员陆元请中国测绘科学研究院的研究员夔中羽所作遥感图，站在佛香阁鸟瞰烟波浩渺、碧水粼粼的昆明湖：外轮廓酷似寿桃之型，西堤像是桃子的中缝，昆明湖的入水口像是这个桃子的蒂一样，而出水口就像桃子上歪着的尖儿。昆明湖北岸的轮廓线呈拱形，就是蝙蝠的头部，两翼伸展就像是蝙蝠的翅膀，两翼各有的伸出水面的亭子——对鸥舫和鱼藻轩就如蝙蝠的两个小爪子。蜿蜒曲折的西堤犹如一条翠绿的飘带，萦带南北，横绝天汉。堤上六桥，婀娜多姿，宏丽的十七孔桥如长虹偃月倒映水面。浩渺烟波中，涵虚堂、藻鉴堂、治镜阁三座水中岛屿鼎足而立，寓意神话传说中的“海上三仙山”。可见，颐和园以颐养元气、祝寿为主旋律。

第二节　江左风流

王公、贵族、地主、富商、士大夫等私人所有的园林，称为私家园林。在等级森严的帝王专制社会，私家园林早在诞生伊始的汉代就开了“模山范水”的先河，如贵戚梁冀园、袁广汉私园等，以别于皇家宫苑。

诞生于自然美意识觉醒的魏晋时代的士大夫园林，更多体现了文人学士的审美心态。唐宋以后，私家园林遍布大江南北，艺术风貌各有千秋，但一般都不崇尚庄严伟大，唯求幽雅精巧，不重对称免呆滞之弊，而须曲折，有引人入胜之概。尤其在园林立意上有着惊人的同一性，园林往往成为士人抒写心灵的载体，园林主题除了思齐先圣古贤，就是发舒心意、吞吐胸中郁结，因此园名题咏风雅多姿，个性鲜明，最具神韵，最耐寻味。

图 1-7 十笏园

如北方文人私园的代表北京的勺园、山东潍坊的十笏园【图 1-7】，其立意与苏州半园、残粒园，南京的芥子园大同小异。清张昭潜《十笏园记》引南宋真西山先生作的《南康曹氏观莳园记》曰："天壤间一卉一木，无非造化生生之妙，而吾之寓目于此，所以养吾胸中之仁，使盎然常有生意，非以玩华悦芳为事也。"士人在咫尺山林中旨在修身养性。

江南园林集中体现了私家园林的艺术风貌和人文精神。清康熙巡视江南时写诗《示江南大小诸吏》赞叹曰："东南财赋地，江左人文薮。"这里说的"东南"和"江左"，既非指自然地理的江南，也非指行政地理的江南，而主要指长江三角洲或太湖流域地区，属文化江南。古人在地理上以东为左，以西为右，长江在芜湖、南京一段，自南而北，折向东流，江南地区在这段江流之东，故名江东，又称江左；长江下游以北部分地区，如扬州地区等，虽然地理位置在江北，但经济文化形同江南，也被看作是文化意义上的江南地域的组成；而并非长江流域却被认为是江南地域的有太湖以南及钱塘江以东部分地区，如绍兴、宁波地区等。自东晋中原士族衣冠南渡、汉族政权定都金陵起，江左地区便取代中原地区成为中国经济文化最发达的核心地带。

太湖，中国五大淡水湖之一，“三万六千顷之波涛，七十二峰之苍翠”，东西两洞庭分峙湖心，望之渺渺忽忽，与波升降，若道家所谓方壶员峤者。自六朝开始，江南文士就在太湖流域、西子湖畔、山阴道上、瘦西湖边，营构着“人景壶天”——园林，以再现自然之美。明清时期，构园成为时尚。

江南私家园林体现了魏晋名士精神，有陶渊明的桃源理想、“竹林七贤”的狂放怪诞、曲水流觞的名士风雅，其中最令士大夫神往的还是东山谢安石的“江左风流”。

东晋年间的谢安，自幼风神秀彻，少有重名，史载他“初辟司徒府，除佐著作郎，并以疾辞。寓居会稽，与王羲之及高阳许询、桑门支遁游处，出则渔弋山水，入则言咏属文，无处世意”。在“安石不肯出，将如苍生何”的呼声下，谢安不得已始出。出山后的谢安，官至辅宰，不负众望，指挥了历史上著名的“淝水之战”，“时强敌寇境，边书续至，梁益不守，樊邓陷没，安每镇以和靖，御以长算”。前秦的苻坚率百万大军驻扎淮肥，“晋祚存亡，在此一行”！他运筹帷幄，挽狂澜于既倒，救苍生于水火，取得淝水大捷，苻坚落得“风声鹤唳”“草木皆兵”。谢安虽东山再起，但东山之志不渝，即使居台辅高位，依然“期丧不废乐……又于土山营墅，楼馆林竹甚盛，每携中外子侄往来游集，肴馔亦屡费百金，世颇以此讥焉，而安殊不以屑意”。这位继王导以后的“江左风流宰相”，济世之志和东山风流兼善，兼济天下和独善其身齐备，是当时江左风流之领袖，后来更引无数英雄竞折腰，他们像李白一样，既仰慕其功业“但用东山谢安石，为君谈笑静胡沙”，又艳羡其“安石东山三十春，傲然携妓出风尘”，成为中国知识分子的理想楷模。

高情千载陶彭泽。陶渊明【图 1-8】是中国士大夫的精神楷模之一。他生活在“大伪斯兴”的东晋和刘宋交替的时代，却能情真意真，随心率性。为“生生所资”，且“彭泽去家百里，公田之利，足以为酒，故便求之”，及少日，因不愿为五斗米折腰向乡里小人，便辞官归隐了：“归去来兮，请息交以绝游，世与我而相违，复驾言兮焉求！”获得“古今隐逸诗人之宗”的雅号。

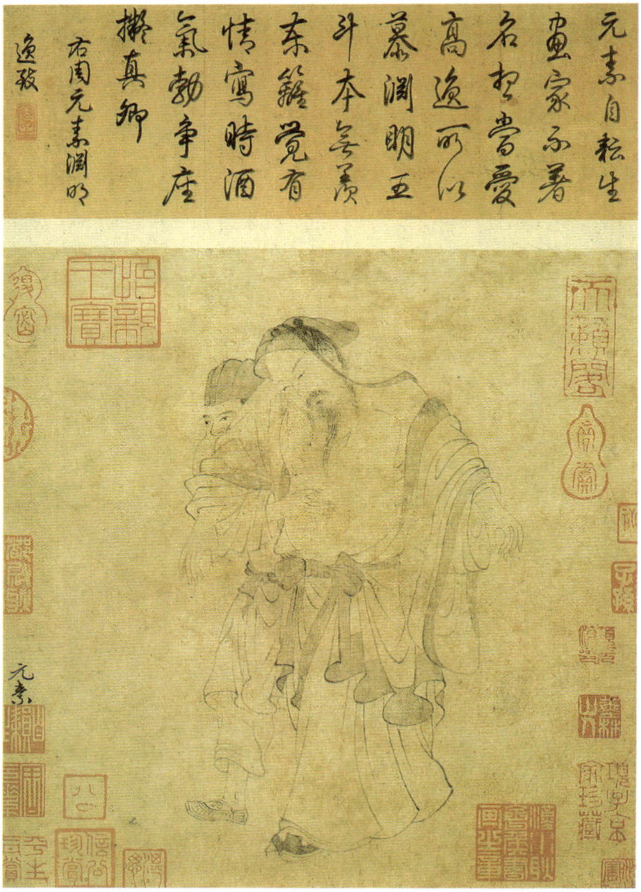

图 1-8 明代周位《渊明逸致图》
台北故宫博物院藏

陶渊明写《五柳先生传》以自况：那位“宅边有五柳树，因以为号”的五柳先生，“闲静少言，不慕荣利。好读书，不求甚解；每有会意，便欣然忘食。性嗜酒，家贫，不能常得，亲旧知其如此，或置酒而招之。造饮辄尽，期在必醉。既醉而退，曾不吝情去留。环堵萧然，不蔽风日；短褐穿结，箪瓢屡空，晏如也！常著文章自娱，颇示己志。忘怀得失，以此自终”。这位“少无适俗韵”“不戚戚于贫贱，不汲汲于富贵”的隐逸高人，成了中国文士包括帝王们心追神慕的理想人物。

南宋时杭州护城河东边的德胜宫，有一个皇家小御园，名为“五柳园”，至今还留下五柳园桥和五柳巷名。今拙政园故址为北宋时山阴丞胡稷言的五柳堂，蔬圃凿池为生。其子胡峄在太仓又建五柳园。清代姑苏饮马桥畔钦点状元石蕴玉的五柳园，池畔植有五柳……诸如此类，皆将“五柳先生”的精神注入了园林。

陶渊明的《桃花源记》《归去来兮辞》《归园田居》《饮酒》等作品，都是其艺术化人生的写照，袁行霈先生主编的《中国文学史》精辟地总结道：“他连同他的作品一起，为后世的士大夫筑了一个‘巢’，一个精神的家园。一方面可以掩护他们与虚伪、丑恶划清界限，另一方面也可使他们得以休息和逃避。他们对陶渊明的强烈认同感，使陶渊明成为一个永不令人生厌的话题。”也成为中国园林景境构成的重要文学依据。

《桃花源记》描写了一个美好的世外仙界。不过，生活在这里的是“先世避秦时乱，率妻子邑人来此绝境”的难民，不是长生不老的神仙，他们“不知有汉，无论魏晋”，靠自己的劳动，过着和平、宁静、幸福的生活，保留着天性的真淳，没有尔虞我诈，没有剥削、压迫。所记凿凿，但文尾的“不复得路”却透露了这个桃花源实际上不过子虚乌有，这是陶渊明理想的农耕社会伊甸园，也是他对人生所做的哲理思考，这样，桃花源成了农耕社会人们理想的“仙境”。

早在宋代绍定年间，性好闲雅的儒学提举陆大猷见贾似道当国，国事日非，遂致仕归，在吴江芦墟来秀里筑园径名“桃花源”，元代常熟有桃源小隐，此后，以桃源立意者屡见不鲜，如桃花庵、桃花仙馆、桃浪馆、小桃坞、桃源山庄等园名。唐伯虎筑室桃花坞，与客日般饮其中，写了《桃花庵歌》，自称是“桃花坞里桃花庵，桃花庵里桃花仙”，“但愿老死花酒间，不愿鞠躬车马前”，一辈子怀才不遇的唐伯虎，晚年躲进陶渊明的乌托邦桃花源中独自去消受苦闷了！

明代王心一用陶渊明的诗命名私园为“归园田居”，以《桃花源记》为设计蓝图，在园内联璧峰之下挖洞，名“小桃源”，内置有石床、石乳。声称自己生性不耐烦，家居不免人事应酬，如苦秦始皇的苛刻律法，“步游入洞，如渔郎入桃花源，见桑麻鸡犬，别成世界，故以‘小桃源’名之”。反映出对陶渊明集“美”“善”于一体的桃花源的向往。

《归去来兮辞》这首辞体抒情诗，文采飞扬，节奏跌宕，如李格非所言：“沛然如肺腑中流出，殊不见有斧凿痕。”“归来”主题自宋以来成为私家园林的重要母题：

宋代“苏门四学士”之一的晁补之，被贬回家后，筑“归来园”，仰慕陶渊明的品性，园中的楼台亭阁尽量用陶渊明诗文中的语言，以园景为园主精神之写照。

上海的“日涉园”，苏州、海盐的“涉园”取“园日涉以成趣”；“三径小隐”取“三径就荒”；扬州的“寄啸山庄”、常熟的“东皋草堂”、杭州的“皋园”均取陶渊明《归去来兮辞》中“登东皋以舒啸”句意，写陶渊明弃官归田后自我陶醉的一种方式；扬州容膝园，取“审容膝之易安”；南浔的“觉园”取“觉今是而昨非”……

陶渊明笔下的田园生活为一种美的至境；他将玄言诗所表达的玄理，改为日常生活中的哲理，使日常生活诗化、哲理化。《归园田居》其一：

> 少无适俗韵，性本爱丘山……开荒南野际，守拙归园田。方宅十余亩，草屋八九间。榆柳荫后檐，桃李罗堂前。……久在樊笼里，复得返自然。

南野、草屋、榆柳、桃李、远村、近烟、鸡鸣、狗吠，眼之所见耳之所闻无不惬意，这一切经过陶渊明点化也都诗意盎然了。

守拙归园田，拙政园立意深得个中之意，耦

园的“无俗韵轩”，径取“少无适俗韵”诗意。

陶渊明躬耕读书的生活也颇令人神往，他在诗中说“晨兴理荒秽，带月荷锄归”；“群鸟欣有托，吾亦爱吾庐。既耕且已种，时还读我书”，因此，中国古典园林中多吾爱庐、耕读斋、耕乐堂、耕学斋、还我读书处、还读书斋等景境。

陶渊明《饮酒》诗其五，更如元好问所论：“一语天然万古新，豪华落尽见真淳！”

> 结庐在人境，而无车马喧。问君何能尔，心远地自偏。采菊东篱下，悠然见南山。山气日夕佳，飞鸟相与还。此中有真意，欲辩已忘言。

“结庐在人境，而无车马喧”，与城市山林的环境相似，“心远”就不必“地偏”，清末爱国诗人黄遵宪在广东省梅州市东区小溪唇亲自设计建造了书斋园林，“有三分水、四分竹、添七分明月；从五步楼、十步阁、望百步长江”，名“人境庐”，自撰门联曰：“结庐在人境；步屧随春风。”

“采菊东篱下，悠然见南山”，偶一举首，心与山悠然相会，自身仿佛与南山融为一体了。日夕佳的山气、相与还的飞鸟，其中蕴藏着王士祯指出的人生真谛：“篱有菊则采之，采过则已，吾心无菊。忽悠然而见南山，日夕而见山气之

图 1-9 见山楼（狮子林）

佳，以悦鸟性，与之往还。山花人鸟，偶然相对，一片化机，天真自具。既无名象，不落言诠，其谁辨之。”庄子般的“不可以言传”和“得意而忘言”之意，道家提倡的“无言”之美，尽在不言中。

苏州曾有“见南山园”，至于“见山楼”【图 1-9】更是比比皆有，颐和园有“夕佳楼”。

一 庄骚浪漫

闻一多先生指出了《庄子》这样一个文化现象：“一到魏晋之间，庄子的声势忽然浩大起来……像魔术似的，庄子忽然占据了那全时代的身心，他们的生活，思想，文艺，——整个文明的核心是庄子。他们说‘三日不读老庄，则舌本间强’。尤其是《庄子》，竟是清谈家的灵感的泉源。从此以后，中国人的文化上永远留着庄子的烙印。”

中国园林文化上确实永远留着庄子的烙印，

以庄子的人格理想立意十分普遍。

明代身为长洲县令的江盈科，写《小漆园记》大倒当县令的苦水，“簿领丛沓，有如棼丝；胥吏闪幻，有如鬼域”，“在职逾年，昕夕拮据，形容凋落，揽镜自照，瘠如枯鱼”，身心疲惫的江盈科遂以当年的漆园小吏庄周自况：他发现，《庄子》内外篇，“大抵发明逍遥之旨。逍遥者，无入而不自得之意也。庄周生季世，为漆园小吏，在嚣烦冗琐中，而见解超脱，不胶于事，为能极夫逍遥之趣。世儒求其说而不得，乃欲逃无何有之乡，以求所为逍遥也者，溺其旨矣”，他感悟庄周逍遥的真谛是“尽吾之心，行吾之事”，世上赞誉也好毁谤也罢，都如那些聚集在一起的蚊子的哼哼。自己内外无所求，退朝后，“兀坐此斋，扫地焚香，消遣尘虑，悠然忘其身之楚人也，所居之吴苑也”，哪里知道县令是我，还是我之为令耶？又哪里知道长洲县之事能使县令很苦，而作为县令之能使我苦也？这样忘却县衙烦恼，“则亦何往而不逍遥也？于是颜其斋曰‘小漆园’”。

《庄子·逍遥游》阐述了庄子追求超越一切的绝对自由的人生哲学，这种绝对自由，庄子称之为“逍遥游”。庄子认为要达到逍遥的境界就要完全摆脱来自各方面的限制，也就是说做到“无所待”，达到无己、无功、无名的境界，才是绝对自由，就能在无穷的宇宙中任意遨游了。文中深刻的哲理通过鲜明的艺术形象凸现出来，成为园林的哲理内涵。

“芥舟”园，取《庄子·逍遥游》：“覆杯水于坳堂之上，则芥为之舟，置杯焉则胶，水浅而舟大也。”芥即小草，后比喻“小舟”，李渔在南京筑小园名“芥子”，极称园之小。

明代昆山顾氏别业取其意名“一枝园”，清代昆山西关外，王喆修“半枝园”，吴江城北门外徐氏园第“一枝园”，苏州枫桥也有“一枝园”。出自《庄子·逍遥游》：尧让天下于许由，许由曰：“鷦鷯巢于深林，不过一枝；偃鼠饮河，不过满腹。”鹪鹩在深林里筑巢，不过占有一根树枝；偃鼠到大河里喝水，不过喝满一肚皮，揭示了一条颠扑不灭的生活真理。后代文人表示寡欲知足时，常以“一枝”比喻为栖身之地。晋代张华《鹪鹩赋》：“其居易容，其求易给，巢林不过一枝，每食不过数粒。”杜甫云“强移栖息一枝安”，曾巩云“一枝数粒身安稳”、清方文说“小楼暖可居，他日借一枝”。

昆山马玉麟“鷃适园”，同样取自《庄子·逍遥游》中，园主自比笑鲲鹏抟扶摇而上者九万里，且适南冥的“斥鷃”，“斥鷃笑之曰：‘彼且奚适也？我腾跃而上，不过数仞而下，翱翔蓬蒿之间，此亦飞之至也。而彼且奚适也？’”

中国园林中的观鱼台、濠上观、知鱼亭、鱼乐国、安知我不知鱼之乐、濠濮亭、濠濮间想等景境，源出《庄子·秋水》篇中“濠梁观鱼”庄惠问答和濮水钓鱼，可以窥见文人对庄子远避尘嚣、追求身心自由、悠然自怡的人生理想的渴慕。“濠濮”还蕴含着晋简文帝司马昱的“濠濮间想”、鸟兽禽鱼自来亲人的美感联想。

浙江义乌的明代抗倭名将吴百朋、吴大缵父子的“抱瓮园”，是营建在大元村尚书府的后花园，大缵之子存中（1578—1609），于万历三十七年（1609）作《抱瓮园记》，我们据此可略知园林概况：

园中林木，桃花绚烂蓊郁，门外植五株柳，显然有自比五柳先生之意。进入大院则是蔷薇屏墙，而梧桐荫于其上。春来百花烂漫，如身在云霞。竹林旁设院门，联曰：“门设常关；径深迴俗。”厅堂名“抱膝居”，《三国志·蜀志·诸葛亮传》“亮躬耕垄亩，好为《梁父吟》”，“每晨夕从容，常抱膝长啸。”以身隐隆中的诸葛亮自比，对联：“隆中管乐；窗下羲皇。”心中有诸葛卧龙的管仲乐毅般的救世抱负，又享受着陶渊明南窗寄傲、如羲皇中人的高洁。屋外一池方塘，石碑摩崖曰：“独清！”铭曰：“有源无尘，吾躬吾襟。”池塘对着“藕花池馆”、门匾“会心处”等等，通过园林题咏——园主的内心独白，一个襟怀磊落高洁如冰雪、又心存魏阙的士大夫形象浮现在我们面前。

吴氏园立意的思想渊源之一就是园名“抱瓮”所揭示的《庄子》思想。“抱瓮”，出自《庄子·天地》篇。孔子的弟子子贡游楚返晋过汉阴时，见一位老人一次又一次地抱瓮浇菜，“搰搰然用力甚多而见功寡”，就建议他用机械汲水。老人不愿意，“忿然作色而笑曰：‘吾闻之吾师，有机械者必有机事，有机事者必有机心。机心存于胸中，则纯白不备；纯白不备，则神生不定；神生不定者，道之所不载也。吾非不知，羞而不为也。’”抱瓮老人认为，用了机械必会出现机巧之类的事，接着必定会出现机变之类的心思。机变之心存留于胸，则不曾受到世俗沾染的纯洁空明的心境就不完整齐备；纯洁空明的心境不完备，精神就不会专一安定；精神不能专一安定的人，大道也就不会充实他的心田。“抱瓮灌园”比喻摈弃机心、安于拙陋的淳朴生活，亦省作“抱瓮”。这样方能获得“心闲游天云”的自由感。

也有直接名“瓮园”者，《瓮园记》曰：“吾闻桔皋有余巧而有余劳，瓮有余拙而有余逸，有余巧者有余忧，有余逸者有余乐。夫巧拙之间，而劳逸忧乐相去远甚，故吾园宁拙毋巧，甘抱瓮终身，而不能一日为桔皋也。”“桔皋”，井上汲水的工具，可用不大的力量将灌满水的汲器提起，类似子贡所说机械。

苏州拥翠山庄第一进名抱瓮轩，亦同此意。

中国文学史上第一位伟大的浪漫主义诗人屈原，他的《离骚》“逸响伟辞，卓绝一世”，《离骚》中的香草美人意象构成了一个复杂而巧妙的象征比喻系统：王逸《楚辞章句·离骚经序》曰：“善鸟香草，以配忠贞；恶禽臭物，以比谗佞；灵修美人，以媲于君；宓妃佚女，以譬贤臣；虬龙鸾凤，以托君子；飘风云霓，以为小人。”开辟了“寄情于物”“托物以讽”的表现手法。

中国园林继承了源远流长的香草美人的文学传统，有的径用香草名园，以寄高洁。明代文震孟和文震亨兄弟都酷爱《离骚》，钟爱香草。文震孟的名园叫“药圃”，“药”，《楚辞》中指香草“白芷”，园中至今有“香草居”一景境。文震亨筑园名“香草垞”，结构殊绝，时被誉为“尘世中少有的名胜”。拙政园有“香洲”，为文徵明书额，有王庚跋云:“文待诏(即文徵明)旧书‘香洲’二字,因以为额。唐代徐元固诗云:‘香飘杜若洲’【图 1–10】。盖香草所以况君子也。乃为之铭曰：‘撷彼芳草，生洲之汀；采而为佩，爱人骚经；偕芝与兰，移植中庭；取以名室，惟德之馨。’”

明代王世贞的“离薋园”，取自《离骚》“薋菉葹以盈室兮，判独离而不服”，用恶草“薋菉葹”比喻邪恶势力、小人。王世贞《离薋园记》曰:“嘉

图 1-10 拙政园香飘杜若洲

木名卉出而不能容恶草，因读屈氏骚，得‘离薋’二语，取以名之。夫‘薋菉葹’所谓草之恶者也，屈氏离而弗服，乃女嬃呻呻而詈之，何哉？谓其有所别择也。”实际上王世贞是用恶草“薋菉葹”喻指奸相严嵩及其子严世藩，严世藩欲得王世贞的父亲王忬所藏宋代名画《清明上河图》未果，严嵩遂将王忬落职论死，王世贞兄弟“以家难归，窜处姑井”，匿迹家乡避祸，构此园以记其家恨。

宋代诗人苏舜钦（1008—1048）是沧浪亭的创建者。“岁暮被重谪，狼狈来中吴。中吴未半岁，三次迁里闾”，为避谗畏祸，不得已远离政治中心，携妻子且来吴中，遂以四万青钱买下，傍水筑亭，因有屈原一般忠而被谤、无罪被黜的遭遇，故取《楚辞·渔父》中“沧浪之水清兮，可以濯我缨；沧浪之水浊兮，可以濯我足”之意，号沧浪，37 岁的苏舜钦自号“沧浪翁”，表达他“迹与豺狼远，心随鱼鸟闲”的心境！宋杰《沧浪亭》

诗云："沧浪之歌因屈平，子美为立沧浪亭。亭中学士逐日醉，泽畔大夫千古醒。醉醒今古彼自异，苏诗不愧离骚经。"这些足可以作为园名主题的注解。

"网师园"，同样以沧浪渔父立意，据钱大昕《网师园记》，清宋宗元"治别业为归老之计，因以网师自号，并颜其园，盖托于渔隐之义"，沈德潜也解释道："园名网师，比于张志和陆天随（龟蒙），放浪江湖，盖其自谦云尔。"其姐夫彭启丰明确阐明了用"网师"名园【图 1–11】是欣羡三闾大夫屈原所遇到的渔父超然志远的风神：

> 予曾泛舟五湖之滨，见彼为网师者，终其身出没于风涛倾侧中而不知止，徒志在得鱼而已矣。乃如古三闾大夫之所遇者，又何其超然志远也！

园中"濯缨水阁"，则取意《楚辞·渔父》歌："沧浪之水清兮，可以濯我缨。"

原园中一水自西北蜿蜒至东南，贯穿西、中、东全园，"沧波渺然，一望无际"。今略呈方形的彩霞池居中，水仅半亩，水面聚而不分，池中不植莲蕖，使天光山色、廊屋树影反映于池中，仅东南和西北两角伸出水湾，黄石池岸叠石处理成洞穴状，渔矶高下，巧妙地点设了溪口、湾头，

图 1-11 网师园水面文章风写出

池西北石板曲桥，低矮贴水，东南引静桥微微拱露，造成来去无迹的假象，桥与步石环池而筑，犹沿明代布桥之惯例，其命意在不分割水面，增支流之深远。

环池而筑的亭榭廊轩，体量娇小，结构各殊。自池南北望，较低的看松读画轩隐于树丛中，东北方有一前一后的楼房参差配列，高耸的古柏与贴水的曲桥，石矶亘列于中，临水的竹外一枝轩空透玲珑，组成错落的构图。至于驳岸有级，出水留矶，增人“浮水”之感，而亭、台、廊、榭，无不面水，使全园处处有水“可依”。尺度比例之精妙，对空间抑扬、收放的自如处理，对园林建筑遮掩、敞显的潜心安排，使水面显得辽阔旷远，弥漫无尽，有水乡漫漶之感。

陈从周《说园》称：“网师园以水为中心。殿春簃一院虽无水，西南角凿冷泉，贯通全园水脉，有此一眼，绝处逢生，终不脱题。”庭院满铺渔网纹，“网”中有荷莲、游鱼、虾，不仅与“网师”主题密切相关，而且铺地图案内涵也可咀嚼玩味。

光绪二年（1876）园归咸丰举人李鸿裔，他增筑撷秀楼等，东部水池可能亦于那时被填平。

二　丘壑风流

魏晋时期是自然美意识觉醒的时代，玄对山水，陶铸了一种新的人生风范，放情山水、陶融自然，“千岩竞秀，万壑争流；草木蒙笼其上，若云兴霞蔚”，所谓“一丘一壑亦风流”，及时行乐，以增加生命的密度，成为魏晋名士们的重要生活内容；王羲之等的兰亭觞咏、感悟人生，成为历代文人挥之不去的情结。园林据此立意的很多：

宋代在河南许昌西湖上，郡守筑流杯亭，用砻石作渠，曲折迤逦两百多步，为浮觞乐饮、写诗咏歌之所，胡宿有记，称“足以续永和之韵矣”！

坐落在苏州虎丘茂林深篁中的台地园拥翠山庄、融五岳奇峰之秀的环秀山庄、呼吸湖光饮山绿的嘉定秋霞圃等都象征着回归大自然。

无锡寄畅园【图 1-12】，取东晋王羲之《兰亭诗》“三春启群品，寄畅在所因”诗意，诗境清越超俗。寄畅者，寄意而畅情也，园主秦耀借山水达到畅神，化解郁闷，消胸中块垒。明代王稚登《寄畅园记》曰：“中丞公为谗人所螫，中

图 1-12 寄畅园寄畅在所因

岁解官，园成，日涉其中，婆娑泉石，啸傲烟霞，弃轩冕，卧松云，趣园丁抱瓮、童子治棋局酒枪而已”。魏晋名士与秦耀的精神跨越时空的隔障，在山水中相逢，这里的山山水水，已经是一片心灵化的山水，借以承载悱恻的情愫。

青浦曲水园取王羲之《兰亭集序》中的“曲水流觞”之意。曲水园为上海五大名园之一，园内九曲长廊回环，有“凝和堂”“花神堂”“涌翠亭”“喜雨桥”“小濠梁”榭、“九峰一览亭”诸建筑，还有“飞虹醉月”“达佛谷”“老人峰”，更有“俏梅劲松”、大荷花池，“春日樱桃争艳，夏天荷花出水，入秋金桂馥郁，冬令腊梅璀璨”。在此，既能“莺歌燕舞”，也可闲步神思，俯仰天地，追思往昔。

三 慕仙悦禅

魏晋乱世，士大夫们为了增加生命的长度，在园林中服食五色石求仙，“仙诗缓歌”，精神在仙界遨游：曹操在仙境中与仙人共同遨游八极；曹植描绘了翱翔九天、骋辔远游的神仙极乐图；阮籍、嵇康也屡屡遨游仙界；特别是西晋郭璞的《游仙诗》，“挺拔而为俊”，“文体相辉，彪炳可玩”。萧统将“游仙诗”列为一种文学体裁，并概括说：“凡游仙之篇，皆以滓秽尘网，锱铢缨绂，餐霞倒景，饵玉玄都”。钟嵘也说，“游仙之作，词多慷慨”。慕仙御飞鹤，驾鸿乘紫烟，轻举高蹈，借以表达一种摆脱人世间的拘束而进入自由境界的幻想。被称为“梦幻艺术”的中国古典园林，创造了人间“仙境”的不懈的主题，有的直接以神话仙境命名园林，表现对那个世界的向往以及长生的愿望。如弇山园、壶隐园、壶园等。

明代王世贞的弇州园，据《弇山园记》载，“弇山园”，亦名“弇州园”，园之所以名“弇山”又曰“弇州”者，因《庄子》《山海经》《穆天子传》所记有弇州、弇山，皆仙境，故“始以名吾园，名吾所撰集”。全园由西弇、中弇、东弇三个部分组成。王世贞概括弇山园有“六宜”：“宜花、宜月、宜雪、宜雨、宜风、宜暑”。时与上海豫园齐名，号为“东南名园之冠”，且均出于构园名家张南阳之手。

明代左都御史陈察的壶隐园，在常熟县西门内致道观西南，其后即虞山。苏州壶园等，都以“壶中仙境”立意。葫芦有方外世界的意象。《后汉书》载：“费长房者，汝南人也，曾为市掾，市中有老翁卖药，悬一壶于肆头，及市罢，辄跳入壶中。市人莫之见，惟长房于楼上睹之，异焉。因往再拜……后乃就楼上候长房曰：‘我神仙之人，以过见责，今事毕，当去……翁知长房之意其神也，谓之曰：‘子明日可更来。’长房旦日复诣翁，翁乃与俱入壶中。唯见玉堂严丽，旨酒甘肴，盈衍其中，共饮毕而出。”

唐代白居易宣称“早栖心释梵，浪迹老庄”，至两宋诸儒，门庭径路，半出于佛老；而儒门淡泊，收拾不住，皆归释氏。中国士大夫本就信奉儒、道、释“三教合一”，人们习惯以“据于仁，由于义，逃于禅”指称中国文人的人生轨迹，杜甫“醉中往往爱逃禅”，本意应指“醉酒而悖其教”，是称懒于修道，谓之“逃禅”，非学佛，但宋后多将“逃禅”理解为“禅悦”，指入于禅定、沉湎于禅趣法味之中轻安愉悦的心境。这是一种艺术境界，充满静穆、飘逸、朦胧之美。禅悦的风靡，当在慧能大师建立南宗“顿悟”禅之后。

禅境基本是心境，所以，禅学使“体道”“体悟”“体认”的直觉思维在中国古代思想领域取得了极高的地位。

私家园林虽然没有皇家园林中大型的礼佛建筑，如颐和园的四大部洲、北海小西天等，但有的也设礼佛建筑，如弇州园中就有“小祇林”，中建一阁以奉佛经，祇园精舍和竹林精舍都是释迦时最早的寺院，这也是“小祇林”名义所在。苏州留园东部有贮云庵、亦不二亭等，也是园主佛事活动的场所。

苏州狮子林现在已经是涵禅蕴俗，但其名依然为佛教用语。狮子是佛教中的护法神兽和释迦牟尼左胁侍文殊菩萨乘坐的神兽。“林”为“丛林”之约称，唐高僧怀海（720—814）始称“寺院”为“丛林”。“丛林”之意，旧说是取喻草木之不乱生乱长，表示其中有规矩法度云，一说众僧共住“如大树丛聚，是名为林”。“狮子林”就是禅宗寺院之意。

当年维则借形似狮子的假山石峰，表达了面对“世道纷嚣”其禅意可以“破诸妄，平淡可以消诸欲”；以“无声无形”托诸“狻猊”以警世人。这就是维则建造狮子林的真实意图。因此狮子林表现的是禅宗的境界、禅门清规。据元代危素《师子林记》，元代狮子林的建筑主要有“燕居之

图 1-13 狮子林卧云室

室曰‘卧云’,传法之堂曰‘立雪’……今有‘指柏’之轩、‘问梅’之阁，盖取马祖、赵州机缘以示其采学。曰‘冰壶’之井、‘玉鉴’之池，则以水喻其法云。师子峰后结茅为方丈，扁其楣曰‘禅窝’，下设禅座，上安七佛像，间列八镜，镜像互摄，以显凡圣交参，使观者有所警悟也。”

今“卧云”【图 1-13】“立雪”“指柏”“问

梅”等禅意浓浓的景点依然存在。

江南园林中，表达娱老、怡亲、继祖、寄傲、养志等立意的园林也不少，如苏州怡老园、上海豫园、苏州怡园等；仰慕历史上文化名人立意的，如南宋岳珂好米芾翰墨，筑镇江“研山园”；清代顾大申仰慕白居易醉饮池上的风神，筑“醉白池”等。

第三节　岭南清韵

我国大庾岭、骑田岭、都庞岭、萌渚岭和越城岭等以南地区，包括广东、福建南部、广西部分地区，习惯概称岭南。岭南属于炎热潮湿的热带、亚热带地区，四季繁花似锦，“蔷薇馥郁红逾火，芒果茏葱碧入天”；岭南负山襟海，风物旖旎：越秀山层峦叠翠，白云山白云缭绕，上下川岛碧波出芙蓉，东面巨浪西面镜的汕尾遮浪岛，石奇水清的外伶仃岛，享有“东方夏威夷”美誉的青澳湾、“南方北戴河”之称的海陵岛等，都成为园林的天然蓝本；英石、蜡石、钟乳石又是堆山叠石的良材和观赏美石。

岭南园林初兴于汉代，发展于清初，鼎盛于清中叶以后。

岭南人家多于宅内设庭，体量小巧，面积多则三五亩，少的仅数十平方米，“余地三弓红雨足，阴天一角绿云深”，可静赏移时。

岭南地处与海外文化交流的前哨，园林海纳百川，猎奇斗异，巧用它山之石攻玉。有的园林规整式布局、整形式水池、套色玻璃、雕花玻璃、洋式石栏杆、铸铁花架、罗马式门窗、巴洛克柱头等，尽显西方建筑文化之色，亦不失中华文人园底色。

顺德清晖园【图 1–14】、佛山梁园、东莞可园和番禺的余荫山房，号为岭南四大名园；宝岛台湾由于历史的原因，园林中涂抹了浓重的思家恋土色彩，具有代表性的是板桥的林本源园林。

一 萃锦纳异

清晖园，“清晖”二字出自谢灵运《石壁精舍还湖中作》诗：“昏旦变气候，山水含清晖。清晖能娱人，游子澹忘旧。”与承德山庄清晖亭同。据说园主筑园初衷，乃为奉母，清晖以喻父母之恩如日光和煦照耀；一般以“春晖”喻母爱

图 1–14 清晖园

如同春天和煦的阳光之于小草，取孟郊《游子吟》诗中“谁言寸草心，报得三春晖”。其实，两者并不矛盾，清晖园内水木清华，幽径回廊，碧溪澄漪，花木葱笼，紫洞艇、红蕖书屋、沐英涧、留芬阁等，真如人间小蓬瀛，是养生延寿之所。

园内的建筑布局，前疏后密，前低后高，向阳通风；深池四壁，高树浓荫，周以廊房，荷塘恰如降温池，延来一派清凉。这些，都适合南方炎热的气候，切合中国古典园林因地制宜的营造原则。

在建筑构件上，清晖园又颇善吸纳西洋建筑文化因子，罗马式的拱形门窗、巴洛克的柱头、规整式的水池、套色玻璃门窗，乃至厅堂外设铸铁花架等，无不反映出中西兼容的岭南文化特点。

梁园亦称萃锦园。园名以园主姓氏称，由当地诗书名家梁蔼如、梁九章及梁九图叔侄于清嘉庆、道光年间历时四十余年陆续建成。

首先，梁园是由不同地点的规模宏大的建筑群体组成的，总体布局以住宅、祠堂、园林三者浑然一体，有“十二石斋”“群星草堂““汾江草芦”“寒香馆”等。

其次，园中四组园林群体风格各异，组景手段变化迭出，有“平庭”“山庭”“水庭”“石庭”“水石庭”等。

再次，四季景色俱全，有“草庐春意”“枕

湖消夏”“群星秋色”“寒香傲雪”等。

梁园凸显了诗书名家的特有风采，如“石斋寄情”“砚磨言志”“幽居香兰”“庄宅遗风”等品题，将雅集酬唱、读书著述、家塾掌教、幽居赋闲等园居文化生活内容表现得淋漓尽致。

二　诗醇可心

余荫山房，又名余荫园，不忘先祖惠及子孙的福荫。山房故主邬彬，字燕天，是清朝举人，官至刑部主事，任七品员外郎。他的两个儿子也是举人，因而有“一门三举人，父子同登科”之说。邬燕天告老归田，隐居乡里，聘名工巧匠，吸收苏杭庭园建筑艺术之精华，采用西方几何式布局，结合闽粤庭园建筑艺术之风格，兴建了这座特色鲜明、千古流芳的名园。

三亩方寸之地，“一勺代水、一拳代山”，巧妙地在几何图形中将画馆楼台、轩榭亭桥、假山碧池布置得曲折藏露，幽旷裕如。园内东西两庭并列，和苏州园林一样，各以碧水一池为中心，东为方塘，所有建筑和组景都同方塘平行，呈方形构图；西为八角形，八角形的“玲珑水榭”高踞池心石台基之上，窗开八面，荷风来八面，园主邬燕天自谓在此，澄观卧游，“每思所过名山坐看奇石皴云依然在目；漫说曾经沧海静对明漪印月亦足莹神。”庭内桥、廊、小路，都采取同八角形周边成平行或垂直的方向。两庭以廊桥

"浣红跨绿"连接，桥中段耸起一座四角飞檐的亭盖，桥洞恰如飞虹拱月，每到春末夏初，绿荫落红，倒影池中，碧水涟漪，好似浣洗落红。

主人在"听雨轩"吟弄风月，"听雨入秋竹"，似唐代诗人刘慎虚一样，"闭门向山路，深柳读书堂"，似乎也能体验五柳先生"衔觞赋诗"的乐趣；在"卧瓢庐"待客……邬燕天撰志联曰："鸿爪为谁忙，忍抛故里园林，春花几度秋花几度；蜗居容我寄，愿集名流笠屐，旧雨同来今雨同来。"愿意在此与故交新友读书论文。

园内铁花架、彩色玻璃，烙上西洋色彩，但彩色玻璃上的龟锦文和八角中间的折枝石榴花，却体现着祈求长寿多子的中华传统文化心理。

东莞可园【图 1–15】，因筑于可湖之旁得名，园内有可堂、可轩、可亭、可湖等，实乃"可堪游赏"、可如人意之园也。

图 1–15 东莞可园

建筑占地面积 2204 平方米，不规则的多边形园林平面，不拘一格的建筑组合，一楼、五厅、六阁、十五房、十九厅等住宅、客厅、别墅、庭院、花圃、书斋，各抱地势，立面高低错落，自由活泼，呈不规则的联廊广厦格局形式。主景“狮子上楼台”，以当地珊瑚石砌筑，风趣别致。沿墙环碧游廊逶迤，“邀山阁”高踞可轩之上，使远近诸山、沙鸟江帆，莫不奔赴、环立于烟树出没之中，去来于笔砚几席之上。另有双清室、擘红小榭、曲池、滋树台、假山涵月、湛明桥、问花小院、雏月池馆、博溪渔隐、观鱼簃等建筑景点。咫尺之中，再造乾坤，真乃“可羡人间福地，园夸天上仙宫”。

清代诗人黄遵宪的“人境庐”，取陶渊明“筑庐在人境，而无车马喧”之意。新加坡华侨富商黄氏家族的别墅花园“小画舫斋”，意味自出，庭园中的凉亭就名“诗境亭”；清代靖海侯施琅曾于福建泉州构春夏秋冬四座花园，分别取“春游芳草地”“夏赏绿荷池”“秋饮黄花酒”和“冬吟白雪诗”的意境，诗意盎然，别具一格。

三　寻本溯源

台湾之有园林，据文献记载，乃始于荷兰统治时代，富商何斌在台南建造园林，这可能是台湾最早的园林。二百年中已陆续产生二十多处：明时有宁靖王的一元子园，今为台南大天后宫；郑经的北园别馆（今开元寺）；举人李茂春的梦

图 1-16 林本源庭园

蝶园（今法华寺）；参军陈永华的陈园。入清后，任职台南宫员亦喜在宫署建造园林。道光年间，中北部亦出现了几座名园：雾峰林家的莱园、台中吴鸾旗的吴园、新竹林占梅的潜园、进士郑用锡的北郭园和台北陈维英的太古巢等。台北县板桥市的林本源庭园【图 1-16】，为昔日全台首富林氏家族的私家园林。园林工费相当于同时期建造的台北城总经费的两倍。因此有“园林之胜，冠于北台”“台湾大观园”之称。

园林之名“林本源”，既有宗族色彩，又有纪念福建漳州府龙溪县（今龙海县）祖居地的情愫。

林氏祖先于清乾隆四十三年（1778）来自福建漳州龙溪，二传至平侯致富。林平侯有五子，按照“饮水本思源”的古训，依次分别取名为：

饮记（林国栋）、水记（林国仁）、本记（林国华）、思记（林国英）、源记（林国芳）等五个家号。其中林国华、林国芳为林平侯的新生子，兄弟友爱，于道光二十七年（1847）在板桥地区合力建造了“弼益馆”,成为林本源宅的基础。以后，林国华之子林维让、林维源先后建造了三落旧大厝、五落新大厝和花园别墅三大部分，形成了规模浩大的板桥林家庭园。由于庭园为“本记”和“源记”两家所建，故称之为“林本源宅”。

园林设计者即“能主之人”画家谢颖苏和篆隶名家吕世宜，他们都是福建人士。

福建漳州“诏安画派”领袖谢颖苏（字管樵），台湾出版的《台湾人的根》记载：“谢管樵，板桥林家花园设计第一人。”谢氏擅书画，精诗文，兼工篆刻，时有“三绝”之誉。笔势沉雄，蔚然深秀，盖书卷之气溢于毫纸间矣。莫怪吉光片羽，吾乡皆珍如拱璧。

福建厦门人吕世宜，道光二年（1822）举人。道光十八年（1838），吕世宜应台湾富豪林国华之邀，赴台湾教读林家子弟，并为讲解金石知识，教授篆、隶书法，又为林家购置善本图书数万卷、金石拓本数十种。吕世宜在台湾林家20年，参与策划、营建林本源花园。

漳州与台湾关系密切，是台胞的祖地，早在公元581—618年的隋代，漳州与澎湖舟楫相

图 1-17 林本源燕尾脊

通。据《台湾通史》载："澎湖地近福建，海道所经，朝发夕至，漳、泉沿海之黎民早已来往，耕渔并耦。"

林本源园林中亭台池榭皆雅近画意，建筑风格又注意体现八闽情调。所用的木材都采自大陆和台湾名贵的樟楠，园内半圆形榕荫大池"云锦淙"及假山，池岸上屹立着仿照林家祖籍漳州龙溪群山模样的假山。假山或起或伏，或聚或散，沿墙布列，其间穿插隧道、山洞，中植花树，颇有气势。配以佳木异卉，俨然置身于山林幽谷、百花深处。绕池之凉亭台榭，有方形、圆形、菱形、三角形、六方形，形态变化无一雷同。

林家庭园格局严谨，比例优美，其屋顶为燕尾式【图 1-17】，尾剪春风春永存，燕在中国文化中为吉祥之鸟，燕在有德吉祥人家筑窝，燕即玄鸟、商始祖等，《诗经》"燕燕于飞，差池其羽”；见白燕，其君且得贵女——天女。燕，代表兄弟关系等，燕尾是当时台湾的最佳造型。

设计风格模仿晚清大臣盛宣怀在苏州的园林“留园”，并重金礼聘大陆名师巧匠参与设计建造。

常州龙溪人盛宣怀与福建漳州龙溪人林家据说有些关系，盛氏留园门厅悬有“龙溪盛氏义庄”匾。盛宣怀之父盛旭人出身中药世家，精通医道，原在常州开国药店，后与李鸿章同科中举而为好友，经李鸿章介绍，献丹药治好了慈禧太后的慢性皮炎，相传慈禧把台湾海峡的钓鱼岛等三座小岛赏给盛家种草药。

当时，林本源园林设计风格模仿留园的痕迹至今犹存：

盛氏住宅在园东，五峰仙馆前庭东南侧鹤所附近，原为住宅入园通道。今留园入口为前任园主刘恕为接待宾客而在沿街所辟，位于住宅与祠堂间的夹巷中。

林本源园林入口由白花厅游廊进入，主人和内眷由内宅入园，宾客则必须经过老宅（旧大厝）东临的窄而长的“白花厅”方能通往园之正门，“白花厅”还兼作林家接待外客的客厅，前后共两进院落，自第二进之后经过修长的游廊再折而东，方能进入园内的汲古书屋小庭院，含蓄不张扬，与苏州盛氏留园的入口有相似之处。

留园入园后进入的“五峰仙馆”，刘恕的寒碧庄扩建为“传经堂”，“藏先世图书其中”，今五峰仙馆后院耳室书房名“汲古得绠处”，林本源园林“汲古书屋”，当时收藏图书数千卷，其中不乏宋元善本。两者都是仿明代毛子晋之汲古阁而命名。

盛氏留园建有“花好月圆人寿轩”，今已毁。林氏的“花好月圆”轩尚存；今留园的“远翠阁”，位于中部东北角，在此眺望，绿树翠竹一齐映入眼帘，有遥远之感。刘恕时曾名“空翠”，后改名“含青楼”。林本源园林的“来青阁”取自“青山绿野入眸来”之意，亦模仿此意。

林氏书斋——方鉴斋斋前“半亩方塘一鉴开”，池中设有戏台，右侧依壁，假山重叠，取高山流水设计，演出和拍曲之时，利用水面回声以增强音响效果，昔日林氏于此宴客，夜则观赏歌舞，饶有情趣。盛氏留园在鸳鸯厅林泉耆硕之馆南有“东山丝竹”门额，意思是追慕东晋谢安隐居会稽东山时的风流逸韵，陶情于丝竹管弦之乐。园主人爱好声乐，当年在此造了苏州第一戏厅，室内双层戏台，两翼为包厢，中央大厅可容十张大圆桌，并以谢安之风流自许。

留园水池招月，池中筑“掬月亭”，取唐代于良史《春山夜月》诗中“掬水月在手，弄花香满衣”句意。今林氏园林中亦于海棠形水中建有方胜形“月波水榭”【图 1–18】，两者亦有相似之处。

林氏园林当街园门额曰“板桥小筑”，与留园入园处的“华步小筑”亦有异曲同工之妙。

其他如“一池三岛”的写意造型、装饰彩画的题材、厅堂的命名、吉祥图案的内涵无不取材于中华诗文和传统文化，流溢着浓浓的中华文化内涵。

如“林本源庭园”内之漏窗造形多样，并具有象征隐喻的吉祥口彩，如桃形有寿桃的长寿之意；柚子形有多子之意；石榴形有福及多子之意；佛手瓜形与福谐音之意；南瓜形有钱财之意；双桃形有多寿之意；双钱形以表多财；书卷形意指书香门第；瓶形取平谐音，有平安之意；双瓶指平平安安；蝴蝶与蝙蝠形，蝶与“耋”、蝠与“福”谐音，有长寿幸福之意。漏窗图案无一雷同，也与姑苏园林的营构原则相同。

图 1–18 林本源月波水榭

第二章　湖山真意

园林中潋滟湖光、空濛山色、拳石勺水，均为中华文化滋养的“第二自然”，象征着远离皇权的隐士乐土。“少无适俗韵，性本爱丘山”，一丘一壑自风流，积淀着位尊格高的文化因子。所谓“湖天重屋小于舟，日日忘机对白鸥”，在山泉水清，出山泉水浊。山水情衍化为中国士大夫心向往之的风雅范式。

第一节　静观山石

山，在中华先人自然崇拜的光环中，昆仑山为世界之中，为天帝之下都、地仙之洞天；随着自然崇拜的烟雾逐渐散去，博大仁厚的山体，成为人们的精神拟态。

古典园林以“聚拳石为山”的写意手法将自然之山“再现”园中。

一　仁以山悦

《诗经》中就有寿比南山的比拟，孔子以“乐寿”作了形象阐释：“知者乐水，仁者乐山。知者动，仁者静。知者乐，仁者寿。”

山是静的，它常育万物，阔大宽厚，坚实稳定，清新爽快，容易使人养成朴素忠诚、凝重敦厚的情操；“仁者不忧”，宽厚得众，稳健沉着，有“静”的特点，故仁者乐山。

在中国古籍《尚书》《诗经》中，虽出现过

“仁”字，主要是指人的一种美德，尚未形成系统的仁学思想体系，随着西周末年人本主义社会思潮的兴起和发展，从宗天神学中发现了“人”，孔子才把“仁”上升到哲学高度，构建了以“仁”为核心的仁学思想体系，标志着从殷周的宗天神学向儒家伦理哲学的转变。孔子更多地接受了春秋时代一些思想家、政治家的言行，以仁为最高道德标准。研究者认为，孔子的“仁”，含有人格意识、人类意识、人为贵意识及人和意识等内涵，强调“我欲仁，斯仁至矣”（《论语·述而》），是基于发自内心的自觉意识。人格高于等级身份的道德性。《礼记 · 大学》曰：“古之欲明明德于天下者，先治其国；欲治其国者，先齐其家；欲齐其家者，先修其身；欲修其身者，先正其心；欲正其心者，先诚其意；欲诚其意者，先致其知。……自天子以至于庶人，壹是皆以修身为本。”

帝王们标榜“乐山”，还能得到“仁寿”的美名，于是，中国皇家园林的山就成为君皇“仁寿”的象征，自宋以来，皇家园林所有的山几乎都叫“万寿山”：北宋艮岳、元“上苑”之山、颐和园的瓮山、北海的白塔山【图 2-1】、故宫北的景山无一例外都称万寿山。园林景点亦多以山水乐寿为主题。

颐和园乐寿堂西殿东向挂有“仁以山悦”匾额，意思是孔子所形容的“仁者乐山”。事实上，

图 2-1 北海公园白塔山

孔子用山作譬喻，说的却是为人与为官之道，仁厚的人安于义理，做官者心胸要如大山般宽厚仁慈而不易冲动，性情好静就像山一样稳重、永恒，不可喜怒无常、朝令夕改；“仁者，己所不欲，勿施于人”。

历史上被称为明君的君主确实强调山林“仁德”。被称为中国最古之园的文王之囿中，肥美的麋鹿悠游，白鸟张开洁白的羽毛，鱼儿在水池中欢跃。所以，《诗经·灵台》：“经始灵台。”《诗序》曰：“《灵台》，民始附也。文王受命，而民乐其灵德，以及鸟兽昆虫焉。”周文王之囿，方圆七十里，并允许老百姓在里面打柴和捕猎野鸡、野兔，所谓“与民同乐”。周文王的灵台成为他展示“仁义”、推行礼乐文化的载体。

皇家园林重在体现“有德者王”，标榜“仁德”，“以游利政”，成为皇家园林的精神内核。园林中不乏表达修身养性、励德自勉的道德原则。圆明园有“澡身浴德”，乾隆在《诗序》中说，“平漪镜净，黛蓄膏停，竹屿芦汀，极望弥弥，浴凫飞鹭，游泳翔集”之时，体会到晋人所说的“非惟使人情开涤，亦觉日月清朗”。追求“淡泊宁静”（圆明园），在“密室周遮，尘氛不到。其外槐阴花蔓，延青缀紫，风水沦涟，蒹葭苍瑟，澹泊相遭”的环境中，宁静以致远。

康熙在《芝径云堤》诗中说：“边垣利刃岂可恃，荒淫无道有青史。知警知戒勉在兹，方能示众抚遐迩。虽无峻宇有云楼，登临不解几重愁。连岩绝涧四时景，怜我晚年宵旰忧。若使抚养留精力，同心治理再精求。气和重农紫宸志，烽火不烟亿万秋。”

承德避暑山庄的“静含太古山房”，表示“山仍太古留，心在羲皇上”，要学习三代的有道明君。

皇家园林中也不乏标榜皇恩浩荡、与民同乐的景区，如圆明园中有同乐园，园中有戏台，意为效法周文王与民同乐。

园林中往往建有“勤政殿”，表示勤于国事。如清漪园的“勤政殿”（今颐和园仁寿殿），悬匾额“海涵春育”，源出《汉书·叙传》：“其君天下也，函之如海，养之如春”，君临天下的当政者，胸怀要宽广如大海，养育天下百姓如春天般温暖。楹联“念切者丰年为瑞贤臣为宝；心游乎道德之渊仁义之林”，期待着贤臣，念切仁义。大殿正中置一屏风，上面有乾隆手书《座右铭》：

> 凛于丰亨，遹求厥宁。思艰图易，居安虑倾。堂下万里，无恃尔克明。民方殿屎，无恃尔善听。无矜大名，无侈颂声。止欲于未萌，防危于无形。日慎一日，先民是程。昔之人有言曰：“尧业业，舜兢兢。”临渊履冰，式鉴兹铭。

意思是说，在富裕享乐之时要警惕，务求安宁。多想艰难之处，再从易处着手，居安思危。虽有疆土千万里，不要自恃英明。人民正在痛苦呻吟，不要自恃善听民声。不夸耀英名，不陶醉歌颂声。止贪欲于萌发之前，防危机于无形之始。慎独每日，唯以先贤为榜样。古人云：尧舜治政，兢兢业业。我今理政，更应如临深渊，如履薄冰。特书此铭，以示鉴戒。

皇帝时常想到的是创业的艰难，常引历史典故以自勉。承德山庄和颐和园都有“无暑清凉”景点，典出《旧五代史·郭崇韬传》，后唐庄宗三年（925）夏天，接连下大雨，黄河发大水，冲坏了天津桥。时值酷暑，唐庄宗想在高楼上避暑。宦官说："今天我们大内的楼观，不及以前长安卿相之家，旧日大明、兴庆两宫，楼观数百，都是雕梁画栋，高入云霄。今天皇上连纳凉之高楼也没有。"庄宗曰："我富有天下，岂不能盖一楼！"即令在宫苑中盖楼，但又顾虑郭崇韬会谏阻，便派人告诉崇韬说："今年天气恶热，我过去在黄河之上，五六月中与敌军对垒，行宫卑湿，骑马与敌人打仗，始终觉得很清凉。如今晏然深宫，却反而不能忍受酷暑，不知是何原因？"崇韬奏曰："陛下当年在河上汴寇未平，废寝忘食，心在战阵，冷热不介于怀；如今汴寇即平，中原无事，纵耳目之玩，不忧战阵，虽楼高百尺，广殿九筵，未能忘热于今日也。希望陛下常思艰难创业之时，则自然会暑热尽去，立变清凉。"庄宗默然不语。

乾隆晚年在《御制避暑山庄后序》中戒己也告诫后人曰："若夫崇山峻岭、水态林姿、鹤鹿之游、鸢鱼之乐，加之岩斋溪阁、芳草古木，物有天然之趣，人忘尘世之怀。较之汉唐离宫别苑，有过之无不及也。若耽此而忘一切，则予之所为朣乡山庄者，是设陷阱，而予为得罪祖宗之人矣。"

对"古修"的仰慕，也是皇家园林标榜"德"的一个方面，园中不少景点是以中国历史上文化名人的逸闻雅事立意的。如严子陵崇尚节义、相尚以道，以“士故有志”，拒绝了故人光武帝出仕要求，耕钓于富春江畔，保持了“士”之“志”，表现了高尚的节操，他的“不事王侯，高尚其事”的行为，被宋代儒家名臣范仲淹赞誉为“盖先生之心，出乎日月之上”可以使“贪夫廉，懦夫立，是大有功于名教也”，因之歌颂道：“云山苍苍，江水泱泱，先生之风，山高水长！”“山高水长”成为圆明园四十景之一。

陶渊明构想的桃花源，同样吸引着帝王，成为圆明园中“武陵春色”的艺术蓝本，“武陵春色”地处幽僻深邃的山坳，那里循溪流，植山桃万株，落英缤纷，是“桃花源”的再现。

对宋代理学名儒也十分倾慕。如宋理学家周敦颐隐居濂溪，植荷花，并写出了脍炙人口的《爱莲说》一文，成为圆明园“濂溪乐处”、“映水兰香”、避暑山庄“香远益清”等景点的构景依据。

颐和园的“邵窝殿”，是以宋代哲学家邵雍隐居之所命名的。邵雍居处有两处，一在河南辉县苏门山百源上，一在河南洛阳县天津桥南，均名“安乐窝”。《宋史·邵雍传》载：“雍岁时耕稼，仅给衣食，名其居曰安乐窝。”乾隆诗称“两字题楣慕古修，仁者安仁智者智，百源仿佛昔曾游。”明确说明是因为仰慕邵雍的仁智而题。

也有表示对文学家品格的爱慕。如圆明园

四十景之一的“茹古涵今”，是根据杜甫“不薄今人爱古人”之言立意的，乾隆题诗曰：“广厦全无薄暑凭，洒然心境玉壶冰。时温旧学宁无说，欲去陈言尚未能。鸟语花香生静悟，松风水月得佳朋。今人不薄古人爱，我爱古人杜少陵。”

以德兴国、以仁德去安抚边疆、抚慰百姓。颐和园西宫门旁名“德兴殿”，芳辉殿内匾额“怀远以德”“德风惠露”（仁寿殿匾额），皇恩要如雨露沾，“涉泽旁敷”，皇帝恩泽广施四方。颐和园扇面殿名“扬仁风”，承德山庄的“延仁风”、“延熏”，都是“奉扬仁风，慰彼黎庶”之意。石丈亭匾额“咏仁蹈德”，即讲仁义行道德。

儒家一向将“礼”看成“天道”的规范，是天经地义。“德”是建立在遵“礼”的基础之上的，“履德之基”。

二　山居岩栖

谢灵运《山居赋》曰：“古巢居穴处曰岩栖，栋宇居山曰山居，在林野曰丘园，在郊郭曰城旁，四者不同，可以理推。”私家园林之山，营造山林野趣，象征的是山居岩栖。

正始年间，阮籍、嵇康为代表的“竹林七贤”寝馈山林的隐士风度，以及强烈的人格和精神的独立意识，极大地吸引着后代士人，虽然龙性难驯的嵇康并未能“优游卒岁”，“七贤”中走向庙堂的山涛、王戎、向秀等人，也成了晋之股肱，但其优游园池、经营林水、以儒、道为一的行为，颇符合后世士人的精神人格取向，所以，林下正始之风成为永恒的风雅，甚至连风流皇帝也心向往之。

“日涉成趣”的园林假山，成为士人寄意丘壑、寝馈山林的物质载体。园林中的山，大体皆由深谙画理者创作，是“搜尽奇峰打草稿”、虽由人作、宛自天开的艺术品：或如宋代范宽的全景式山水画；或为马远的“马一角”，总之，“一峰则太华千寻”，悉符画理。依山林地所构园，则要如计成所说的“自成天然之趣，不烦人事之工”，将自然界可能并不存在的险峰佳境、千仞万壑浓缩于方丈、尺寸之间，以满足文人士大夫寄意丘壑的隐逸情思。

园林选用各类不同质地的石种叠山，计成《园冶》列出 16 类：有空灵剔透的太湖石、巉岩透空的昆山石、性坚险怪的宜兴石、宛转知势的灵璧石、奇怪万状的岘山石、逾旧逾白的宣石、古拙质坚的黄石及龙潭石、青龙山石、湖口石、英石、散兵石、旧石、锦川石、花石纲、六合石子等。叠成岩、峦、洞、穴、涧、壑、坡、矶。

假山，有园山、厅山、楼山、阁山、池山、内室山、峭壁山、塑山等，造得盘道逶迤，山势险峻，重峦叠嶂，有时还有茂树浓荫、深壑幽涧，一派山林气氛。

图 2-2 环秀山庄太湖石假山

苏州环秀山庄的太湖石假山【图 2-2】独步江南，仅半亩之地，一山二峰，主山气势磅礴伸向东南，客山箕踞西北与之呼应。峰峦、幽谷、崖道、飞梁、洞室、峭壁，曲尽变化。金天羽《颐园记》赞曰："凡余所涉天台、匡庐、衡岳、岱宗、居庸之妙，千殊万诡，咸奏于斯！"

黄石假山，厚重粗犷，有棱角峻嶒之势，挺拔突兀之姿，使人感到群峰巍巍，绵亘不断，颇具山野风味。上海豫园大假山出自明正德万历年间的叠山大师张南阳之手，是江南地区现存最古老、最精美、最大的石包土黄石大假山【图 2-3】。高仅 14 米，但奇峰攒峙，重峦错叠，陡壁幽壑，洞壑深邃，层峦叠嶂，磴道隐约，迂回曲折，清

图 2–3 豫园黄石大假山

泉飞瀑，气势磅礴。石壁森严，飞梁临涧，平桥缘水，皆顺山势而作层次，高下相间，错落有致，堆砌自然，进入此山，游人恍如置身于重峦叠嶂的真山之中。

也有用不同的石色石形，分峰叠石，如扬州个园的四季假山：白果石笋点植翠竹象征春山；玲珑剔透的云头状太湖石叠成“夏山”；以峻峭凌云的黄石叠成“秋山”；以洁白如雪的宣石叠成“冬山”，成为中国园林假山孤本。

在继承发扬岭南庭园的山石景艺术和灰塑传统工艺的基础上发展起来的人工塑山，如林本

图 2-4 林本源塑石假山

源园林的假山【图 2-4】就是仿照家乡福建漳州的山水用泥灰依势堆塑的带状假山群，峰峦起伏，雄奇挺拔，山中蹊径盘曲，山腰置瀑布，配置异卉佳木，以表达对家乡的思念之情。

三　望石雅拜

石崇拜是地景崇拜的产物，“爱此一拳石，玲珑出自然。溯源应太古，坠世又何年”，“石令人古”，就具有了“永恒”的文化品格。

石中有一类硅化石，又称松花石、松化石、木化石、木变石、康干石等。乃产于距今一亿五千万年前的中生代侏罗纪，当时由于地壳运动和火山爆发，森林被泥沙填没和熔岩掩埋，树木受地下水中的二氧化硅的填充，逐渐石化而成。硅化木蕴含着太古时代的历史风云，是地球赋予人类的远古瑰宝。松化石的发现应归功于中国的科学家，北宋科学家沈括发现并科学地解释了化石的来源。硅化石因其“古”的文化品格更被人们神化、人格化，人们称之为神木石、降龙石，陈列在庭园和园林厅堂。御花园绛雪轩前木化石，敲之铿然有声，似久经暴晒的朽木。网师园看松读画轩内也陈列着两段硅化木。

宋艮岳之名石、苏州的太湖石、安徽的灵璧石、衢州常山的巧石、河南的林搋石等，都贵若拱璧。爱石、品石、咏石，赋石以人格，以石为友，是文人风雅之所在，石是文人寄情抒情之物。孔传《云林石谱序》云：“天地至精之器，结而为石”，崇拜石头也即对自然的崇拜。

将崇拜之石作为审美对象点缀在园林中盛行于中唐，白居易赋石以灵性、人格，“待之如宾友，视之如贤哲，重之如宝玉，爱之如儿孙”。至宋达到巅峰。文人给天然奇石涂抹了浓浓的人文色彩，开创了中国赏石文化的全新时代。宋徽宗的书画博士米芾无疑是其中之最，米芾性格乖僻，极爱清洁，人称“米癫”，爱石成癖。

据《梁溪漫志》和《石林燕语》等笔记小说记载，米芾在担任无为知军（宋代行政单位“军”的长官）的时候，见到一块奇石，大喜过望，特令人给石头穿上衣服，摆上香案，自己则恭恭敬敬地对石头一拜至地，口称“石兄”“石丈”，被时人传为美谈。米芾因此被称为“米癫”。士大夫对此举却津津乐道，认为：“唤钱作兄真可怜，唤石作兄无乃贤。望尘雅拜良可笑，米公拜石不同调。”潘岳辈膜拜孔方兄、对权贵拜路尘，才是可笑的庸俗之人，米芾既贤且雅，连文天祥都要“袍笏横斜学米癫”。

陈御史花园“米芾拜石图”，米芾对着奇石弯腰几近 90 度，拱手下拜，一童侍立在侧。北海长廊也有米芾拜石的彩画。

米芾把他最珍重的一块太湖石称为“洞天一碧”，洞天乃道教中的神仙世界，意思是这灵石出自仙窟灵域，所以，“米芾拜石”也称“洞天一碧”。

米芾拜石成为风雅符号，颐和园的石丈亭、怡园的“拜石轩”、留园“揖峰轩”、狮子林的“揖峰指柏轩”都效法米芾拜石。

米芾还发明了品石的四个标准：“瘦、皱、漏、透”，几乎成为后世品评石头的圭臬。明代林有麟《素园石谱》记载，苏轼的“小有洞天”名石及他“欲以百金买之”的“壶中九华石”，都为玲珑婉转的案头供石。

“瑞云峰”“绉云峰”和“玉玲珑”【图 2–5】号为“江南三大名峰”。童寯《江南园林志》说：

图 2-5 豫园玉玲珑

“李笠翁云：‘言山石之美者，俱在透、漏、瘦三字。’此三峰者，可各占一字：瑞云峰，此通于彼，彼通于此，若有道路可行，‘透’也；玉玲珑，四面有眼，‘漏’也；皱云峰，孤峙无倚，‘瘦’也。”

其他名石有北京中山公园的“青云片”“绘月”“搴芝”和南宋奇石“青莲朵”都是圆明园中的旧物。颐和园石丈亭中“丈人石”、明代石隐园“拜月石”等。

不具备“瘦、皱、漏、透”外部条件但有吉祥外形的石头也颇受青睐，如颐和园乐寿堂前庭院中的“青芝岫”，色青而润、状若灵芝，“芝草，王者慈仁则生。食之令人度世”，“芝英者，王者亲近耆老，养有道，则生”；所以，乾隆不顾其蒙有“败家石”的不祥之名，执意将之运到清漪园。

第二节　动观流水

古人将缥缈的水域看作神仙居住、出没的灵境。水是园林的血脉，无水不成园。中国园林中的水，大体都为真水，只有“旱园水做”时，采用象征性的艺术符号（如冰裂纹、波纹、渔网纹）与白沙、水草、鱼虾等水生动植物形象，让人产生关于水的联想。白居易《庭松》有“承之白沙台”诗句，潘谷西先生认为他可能是日本枯山水园林中用白沙象征大海的祖师。

园林中的水，诠释着孔子“智水”的哲理，象征着与“魏阙”相对的“江湖”，可以是渔父所歌之“沧浪水”，抑或庄子钓鱼的濮水和观鱼的濠下水。在皇家园林中，它也是“天汉”，即天上银河的比拟，或称“福海”等等。总之，园林之水，浸润着人的情感因素。

西晋左思认为“非必丝与竹，山水有清音”；

北宋苏轼感悟“饮泉鉴面得真意，坐视万物皆浮埃”，水成为他们自我慰藉的一剂妙方。

一　智者乐水

“智者乐水”，“智者动”，“智者乐”，是以孔子为代表的儒家审美心理。智者比智于水，水是动的，它川流不息，能委曲宛转、随形逐势、千变万化。这种形态能启发、活跃人的智慧；“智者不惑”，捷于应对，敏于事功，具有“动”的特点，故“乐水”。此处的“乐”，是人对自然美的感受和喜悦之情，并不是某种功利上的满足。

中国园林遵循着“天人合一”的哲学理念，强调人与自然和谐共生，《老子》赞“上善若水”，“水善利万物而不争，处众人之所恶，故几于道”，水滋润万物，但从不与万物争高下，停留在众人不喜欢的地方，这样的品格才最接近道。水荡涤凡尘，使万物沉静下来，心灵获得净化。所以，孔子观水，称水具有与君子的德、仁、智、勇等品质相类似的特征：“夫水遍与诸生而无为也，似德。其流也埤下，裾拘必循其理，似义。其洸洸乎不屈尽，似道。若有决行之，其应佚若声响，其赴百仞之谷不惧，似勇。”水哺育万物，似德；水往低处流，不择巨细、方圆，必循之以理，好似重义；千万水流茫无涯际，似遵道而行；水穿崖激壁，赴百仞之谷，义无反顾，毫无惧色，似勇士。孔子还赏识水之“主量必平，似法”，安放必平绝无偏差，最守法度；“盈不求概，似正”；“水至平，端不倾，心术如此象圣人”，由此观之，水乃真君子也，“是故君子见大水必观焉”，可以悟出立身处世之大道。水“逝者如斯夫，不舍昼夜”的“意象”，催人奋进，珍惜时间；孔子并说：“清斯濯缨，浊斯濯足矣，自取之也。”水之清浊犹如人之修养，好坏都由自己决定。

战国的荀子将水比作“德”的化身：“夫水遍与诸生而无为也，似德”，“渊泉而不尽，微约而流施，是以德之流润泽均加于万物”。汉代刘向也阐释了川流不息的水，具有“力、平、礼、勇、知命、善化、有德圣”等一切美德。

孔子无疑亦为“智者”，他虽努力事功，“知其不可为而为之”，但也有“道不行乘桴浮于海”的时候。《楚辞·渔父》则直接将水之清浊喻政治之清浊，看到形容枯槁的三闾大夫屈原行吟泽畔，乃歌曰：“沧浪之水清兮，可以濯吾缨。沧浪之水浊兮，可以濯吾足。”沧水若清，可濯我缨；沧水若浊，聊濯我足。“沧浪水”与孔子的乘桴所浮之海一样，象征着儒家的“仕隐”法则，于是就有了诸如“沧浪亭”图【2-6】、“桴舫斋”一类的园林和园林舟舫。

“爽借清风明借月，动观流水静观山”。水的生命力在于它的运动不止，“形不动则精不流，精不流则气郁”，养生之道首先在于“动”；同时，

图 2-6 沧浪亭外沧浪水

“水静则明烛须眉”，“水静犹明”，“年寿长矣”！水静就可以清楚地照见容颜，水静可以明知万物，故养生之道也在于“静”。老子从水“静”的特性中总结出了处世治国的道理：“大邦者下流，天下之牝，天下之交也。牝常以静胜牡，以静为下。”水之所以以弱胜强，正是由于它能做到以静制动、以不变应万变，清静无为思想正是老庄学派的核心思想，赋予了水静修养生、以静制动等哲学意涵。

二　濠濮间想

《庄子·秋水》篇有“濠梁观鱼、庄惠问答”一段十分精彩的描写：

庄子和惠子在濠水的桥上观看游鱼，庄子看到“鯈鱼从容”，便觉得它很快乐；惠子觉得不合逻辑，你庄子不是鱼，怎么会知道鱼快乐呢？庄子反问，你不是我，你怎么知道我不知道鱼的快乐呢！

庄惠问答，极具哲理。事实上，鱼并无反省意识，它不可能“乐”，但因为庄子自己对于“出游从容”的滋味是有经验的。心与物通过情感而消除了距离，而这种“推己及物”“设身处地”的心理活动是有意的、理智的，所以它往往产生幻觉。庄子拿“乐”字来形容鱼的心境，其实不过是把他自己“乐”的心境外射到鱼的身上罢了。

物我同一、人鱼同乐的情感境界的产生，只有在挣脱了世俗尘累之后方能出现。所以，临流观鱼、知鱼之乐，也就为士大夫所竞相标榜的了。圆明园“坦坦荡荡”，取《易经》“履道坦坦”和《尚书》“王道荡荡”，乾隆九年（1744）诗序曰：“凿池为鱼乐国。池周舍下，锦鳞数千头，喁唼拨剌于荇风藻雨间，回环泳游，悠然自得。诗云：众维鱼矣，我知鱼乐，我蒿目乎斯民！”表达了观鱼时的愉悦坦荡的心态。颐和园鱼藻轩、知鱼桥、杭州玉泉的鱼乐国、花港的花港观鱼、苏州沧浪亭濠上观、留园安知我不知鱼之乐、上海豫园“鱼乐榭”【图 2–7】、无锡寄锡园的知鱼槛等都得个中之意，乃“鱼乐人亦乐，泉清心共清”！

《庄子·秋水》篇里还有一则庄子濮水钓鱼的故事：

庄子在濮河钓鱼，楚国国王派两位大夫前去请他（做官），（他们对庄子）说：“想将国内的事务劳累您啊！”庄子拿着鱼竿没有回头看（他们），说：“我听说楚国有（一只）神龟，死了

图 2–7 豫园鱼乐榭

已有三千年了，国王用锦缎包好放在竹匣中珍藏在宗庙的堂上。这只（神）龟，（它是）宁愿死去留下骨头让人们珍藏呢，还是情愿活着在烂泥里摇尾巴呢？”

两位大夫说：“情愿活着在烂泥里摇尾巴。”

庄子说：“请回吧！我要在烂泥里摇尾巴。”

庄子对卿相高位持竿不顾，宁可曳尾于涂中，也不愿让高官厚禄来束缚自己，让凡俗政务使自己身心疲惫，反映了庄子鄙弃富贵权势，追求独立人格、身心自由、悠然自怡的人生理想。

庄子濠梁观鱼和濮水钓鱼的上述深邃的思想内涵，成为中国园林的“濠濮”之情，被贵为君王的晋司马昱所激赏，刘义庆《世说新语》载：

> 简文入华林园，顾谓左右曰：“会心处不必在远，翳然林水，便自有濠、濮间想也，觉鸟兽禽鱼自来亲人。”

晋简文帝司马昱对山水美的这种感受，甚至“觉鸟兽禽鱼自来亲人”，仿佛自然界中的一切皆与人类相亲相爱，与热爱大自然的士人趣味毫无二致。因此，这段融进了玄理哲思的审美感受，流溢着自由生命诗意的语言，成为后世园林景点诗意的典范。园林都将观鱼及钓鱼之台称为“濠濮间”，或“濠濮亭”“会心处”，如北海的“濠濮间想”、留园“濠濮亭”、豫园“会心不远”等。均含有观鱼知乐的理趣和翕然尘外的超越思想，源于天人合一的哲学理念。

三　天汉清漪

秦始皇时就“引渭水灌都，以象天汉；横桥南渡，以法牵牛”，所谓“天汉”，就是天上的银河，还南北架桥，取法天上的牵牛星。当时虽然还没有出现牛郎织女的记载，但已经有些许雏形。

汉武帝上林苑中的水池名“昆明池”，是为了征伐云南滇池昆明国而开凿，模仿滇池，操练水军。据《史记·平准书》和《关中记》记载，也用来训练水军。《三辅故事》载：“昆明池三百二十五顷，池中有豫章台及石鲸，刻石为鲸鱼，长三丈。”池水浩邈，在池的东西两岸立牵牛、织女的石像，显然也是效法秦始皇，将昆明池比拟为天汉银河。

清乾隆自比天上的玉皇大帝，在京西建清漪园（颐和园前身）时，将原来由泉水汇聚而成的湖泊西海拓宽一倍，并效仿汉武帝在这里演习水师，因而也名昆明湖，同时也象征银河，为了更为逼真，在昆明湖的东南岸造铜牛和湖西北方耕织图【图 2-8】，耕织图是由耕织图（包括延赏斋、织染局、蚕神庙、耕织图石碑）、水村居，以及水乡田园式的环境组成。铜牛的身子朝东，头朝西，正好与耕织图遥相呼应，这样，牵牛、织女

图 2-8 耕织图

两个星宿成为牛郎（铜牛）和织女（耕织图）夫妇隔河相望，“盈盈一水间，脉脉不得语”，那昆明湖无疑是银河的象征了。今颐和园中昆明池依旧浩渺，铜牛依旧翘首望着对岸的织女。

第三节　润璧怀山

“山环水抱”之处直接受到山水灵秀之气的润泽，无论从磁场学、美学还是心理学的角度来看，都是非常理想的选择。山有蜿蜒起伏之曲，水有流连忘返之曲，路有柳暗花明之曲，桥有拱券之曲，廊有回肠之曲。“屈曲有情”，曲有深刻的内涵，象征着有情、簇拥、积蓄和勃勃生机。

大山脉能“迎气生气”，山环能“聚气藏气”；山之骨肉皮毛即石土草木，“皆血脉之贯通也”。

山绕水围，还蕴含无限情愫：水岛耸峙，顿存瀛壶之想，或寓禹域“九州”；缘溪行，踏缤纷落英，恍入桃源仙境之路。

一　九州清晏

皇家园林中的山水组合，有号称九州岛以表达“宸宇一统、天下太平”的帝王心理。如圆明园西部由三组南向大殿组成的“九州清晏”建筑群，第一组为圆明园殿，中间为奉三无私殿，最北为九州清晏殿。南面是前湖，北边是后湖，环绕后湖区布置九座人工岛屿，各个岛上建置的小园或风景，既自成特色，又彼此相借成景。九座人工岛屿象征“九州”，寓意九州大地河清海晏，天下升平，江山永固。

《书·禹贡》《尔雅·释地》《周礼·夏官·职方》等书关于九州的具体名称说法不一：大禹治水后分天下为九州，故九州亦称“禹域”；《史记·孟子荀卿列传》载战国“驺衍谓裨海周环为九州者”，中国为赤县神州，“中国外如赤县神州者九，乃所谓九州也”。《淮南子·地形训》：“何谓九州？东南神州曰农土，正南次州曰沃土，西南戎州曰滔土，正西弇州曰并土，正中冀州曰中土，西北台州曰肥土，正北泲州曰成土，东北薄州曰隐土，正东阳州曰申土。”

乾隆“九州清晏”诗序曰：“正大光明直北为几馀游息之所。棼橑纷接，鳞瓦参差。前临巨湖，渟泓演漾。周围支汊，纵横旁达，诸胜仿佛浔阳九派，驺衍谓裨海周环为九州者，九大瀛海环其外，兹境信若造物施设耶！”这里讲的“仿佛浔阳九派”，“浔阳”古九江名，江到浔阳九派分，在那里，可以看到“星垂平野阔，月涌大江流”的万里长江。乾隆将“九州”比拟为驺衍所称的“大九州”。

九州清晏殿是皇帝在园内最主要的一处寝宫。殿内铺金砖并有东西暖阁、仙楼、宝贝格等。东暖阁内有火炕和床，西暖阁有床和风扇。多宝格内有古玩瓷器等陈设。殿内还有自鸣钟、铜盆等。殿前安设铜仙鹤一对，有桂花罩棚、梅花罩棚各四座，仙鹤西侧还植有海棠、茶树各一株。

二　蓬岛瑶台

据明代科学家沈括《梦溪笔谈》记载，确曾看到“时有云气如宫室、台观、城堞、人物、车马、冠盖，历历可见”的海市蜃楼奇异幻景，于是产生了蓬莱神话：大海中有三座神山，蓬莱、方丈、瀛洲，高下周旋三万里，顶平旷可九千里，洪波万丈的黑色圆海成为天然的护山屏障，山上既有可供人类居住的金玉琉璃之宫阙台观、赏玩的苑囿，有晶莹的玉石、纯洁的珍禽异兽，又有食之可以令人长生不死之神芝仙草、醴泉和美味的珠树华食。

中国本土宗教道教，也将三岛和五岳十洲以及洞天福地等说成是长生成仙者的人间“仙境”。道教所指“三岛”最早也是指蓬莱、瀛洲、方丈，后来遂移瀛洲为昆仑并附录沧浪、扶桑二岛等说。《史记》中记载了战国时期的齐威王和燕昭王先后派人入海去寻找“不死药”，结果“未至，望之如云；及到，三神山反居水下；临之，风辄引去，终莫能至云”，皆无功而回。自称自由之神“仙真人”的秦始皇曾数次派人入海求仙，还派遣山东方士徐福等带领童男女数千人，到海上去寻找神话中的神山，采长生不老之药。同时，“引渭水为池，筑为蓬、瀛……”表达了对仙境的向往。

汉武帝亦大规模派遣船只入海寻找蓬莱仙岛，并派专人守候在海边以望蓬莱之气。汉武帝扩建了秦代上林苑，在建章宫“其北治大池，渐台高二十余丈，名曰太液池，中有蓬莱、方丈、瀛洲、壶梁象海中神山，龟鱼之属”。

《海内十洲记》记载说：蓬莱周围环绕着黑色的圆海，“无风而洪波万丈”；方丈，“专是群龙所聚，有金玉琉璃之宫”；瀛洲，“上生神芝仙草，又有玉石，高且千丈，出泉如酒，名之为醴泉，饮之数升辄醉，令人长生”。自此，“一池三山”的做法被称为“秦汉典范”，一直延续到了清代。“太液池”成为中国皇家园林中常用的湖泊名称，而且，池中必有仙岛。隋炀帝、唐玄宗、宋徽宗等都在苑池筑瀛洲、方丈；清雍正在圆明园的东湖按“徐福海中求仙”的寓意，命名为“福海”。“福海中作大小三岛，仿李思训画意，为仙山楼阁之状。岧岧亭亭，望之若金堂五所、玉楼十二也。真妄一如，小大一如，能知此是三壶方丈，便可半升铛内煮江山。”名之为“蓬岛瑶台”。

圆明园另有“方壶胜境”一景，同样是海中三神山之意。乾隆在“方壶胜境”诗序说：“海上三神山，舟到风辄引去，徒妄语耳。要知金银为宫阙，亦何异人寰。即境即仙，自在我室，何事远求？此方壶所为寓名也。东为蕊珠宫，西则三潭印月，净渌空明，又辟一胜境矣。”

元明清三代，在北京城中心的故宫西侧，有一片水域，这就是西苑，又称太液池，太液池被一分为三：北海、中海、南海。中海“水云榭”，南海“瀛台”，连同北海琼华岛，构成“三海”中的“三神山”中海和南海紧密相依，常常合称为中南海。中南海狭长水系中的一池三山拉得很长，南海的瀛台为一组殿阁亭台、假山廊榭所组成的水岛景区。

北海，是辽、金、元、明、清五个朝代逐渐修建而成的帝王宫苑，也是以海中神山的仙境模式构筑的典型的帝王宫苑。太液池指北海的水面。元代名太液池，明代因与中海、南海区分而称北海。琼华岛耸立于水面南部，象征蓬莱仙岛，北海南为屹立于水滨的团城，为一砖筑的圆形小城，其平面呈圆形，周围以城砖垒砌，原在水中，象征瀛洲。犀山台原来也在水中，象征方丈，明代将之与陆地连接起来。

承德避暑山庄湖区的“芝径云堤”，乾隆在《御制避暑山庄记》说：“夹水为堤，逶迤曲折，径分三枝，列大小洲三，形若芝英、若云朵、复若如意。”灵芝、仙云，象征仙境，孟兆桢先生称之为“一池三山”法规的别出新裁的运用。“从一径分三枝，如灵芽自然衍生出来一般，生长点出自正宫之北。三岛的大小体量主次分明，相当于蓬莱的最大的岛屿如意洲和小岛环碧簇生在一起。而中型岛屿‘月色江声’又与这两个岛偏侧均衡而安，形成不对称三角形构图，其东隔岸留出月牙形水池环抱月色江声岛，寓声色于形……至于烟雨楼和小金山两个小孤岛坐落的位置亦与三岛呼应。传说中也有五座仙岛之说。”

颐和园昆明湖中原来也为五岛：南湖岛、藻鉴堂、冶镜阁和知春亭和凤凰墩，也是海中蓬壶的象征。

具有藏、汉园林艺术合璧之美的西藏罗布尔卡，是历代达赖喇嘛专用的园林。八世达赖喇嘛修建的措吉颇章（湖心宫），以长方形水池为中心，池中建有三岛，中、北二岛建有宫殿，南岛植柏树，大致排成中轴线，池中水鸟成群。借鉴的也是秦汉“一池三山”模式。

私家园林的仙岛造型则比较写意：

苏州拙政园中部水中，自西至东安置了三岛：荷风四面亭、雪香云蔚亭和待霜亭；中岛土山最大，平面椭圆形，野水回环，以石护坡，坡度平缓，一亭踞上，名“雪香云蔚亭”；其西南方有六角小亭“荷风四面亭”，“柳浪接双桥，荷风来四面”；东侧一小土山平面略成三角形，上筑“待霜亭”。荷风四面亭、雪香云蔚亭和待霜亭三岛大小参差、高低错落，正如计成《园冶·掇山》所说：“若大若小，更有妙境……莫言世上无仙，斯住世之瀛壶也”，既令人产生蓬莱、方丈、瀛洲三神山之遐想，又得四季季相变化之美色。

南京瞻园为一水带三山，南山、西山和北山的布置呈纵向带状散点布置。台湾林本源园林在一狭长的小方池中垒土成三座略呈圆形的大小土山，以象征海中神山，十分写意抽象。

苏州留园中部清池中仅以一“小蓬莱”岛象征三岛，岛在两座曲桥中间，犹飞落一泓碧水之中，满架紫藤，紫藤架下仙鹤正翩翩起舞，渲染强化了紫气东来的仙境氛围，青霞缥缈，碧波漾荡。清代园中的小蓬莱在西部假山上，园主得意地宣称：“仿佛蓬莱烟景，宛然在目！”

三 缘溪而行

东晋的陶渊明将悲情化解到美、善一体的桃花源里，在他这个心造的农耕社会的“伊甸园”中陶醉，神游于黄、农之代。

桃花源模式，实际上也是一种曲径通幽、山环水抱的居住环境模式。

陶渊明《桃花源记和诗》创造的理想社会乌托邦：

晋太元中，武陵人以捕鱼为业，缘溪行，忘路之远近。忽逢桃花林，夹岸数百步，中无杂树，芳草鲜美，落英缤纷，渔人甚异之。复前行，欲穷其林。

林尽水源，便得一山。山有小口，仿佛若有光，便舍舟，从口入。初极狭，才通人。复行数十步，豁然开朗。

武陵渔人偶然找到桃花源的叙写，成为后世园林创作的重要文学蓝本，如拙政园中部腰口就是按武陵渔人发现桃花源的描写设计的。

进“得山水趣”夹弄，墙边小径，苔藓野草，是先抑后扬，引人入胜的一笔。腰门精致，入门，一座黄石假山当门而立，山势东西延绵，山上树木葱笼，藤萝漫挂。山有小口，入洞口先黑暗一片，摸索前行，仿佛若有光，出洞，只见假山东西两侧山峦连绵，山后有小池假山，绕池循小径北行，东边云墙下古榆依石，幽竹傍岩，将主景隐而不露，依然是欲扬先抑，直到转远香堂北面平台，中部主景才豁然展现，将武陵渔人偶得桃花源的意境物化了。

留园西部假山，中间多土，沿山脚叠石高约米许，盘纡曲折的磴道两侧垒石如堤，漫山植枫与银杏。山南环以“之”字形小溪，潺潺绿水，通过小桥，流向西南，两岸植以桃柳，小溪尽头壁上嵌有"缘溪行"【图 2-9】三字，以暗合陶渊明《桃花源记》中武陵渔人见到的世外桃源："缘溪行，忽逢桃花林夹岸，数百步中无杂树，芳华鲜美，落英缤纷。"

图 2-9 留园缘溪行

第三章　台阁雅趣

中规中矩的礼式建筑，均衡和谐，庄严肃穆；活泼多姿的杂式建筑，花间隐榭，水际安亭，诠释着儒道哲学；园林中的舞榭歌台、厅堂亭阁，皆为茅茨土阶的“木头史书”，魅力纷呈：白日飞甍、如鸟斯革、如翚斯飞的动态美；廊腰缦回、各抱地势的韵律美；俗则屏之、嘉则收之的虚无之美；象征阴阳秩序的文化美及真善的意境之美。

第一节　礼仪固化

中国园林建筑与欧洲古典园林以建筑为中心、不惜使自然建筑化不同，它在园林中居于次要地位，往往表现出建筑自然化的特点。从局部讲，建筑又往往成为景域构图的中心。

中国乃礼仪之邦，《晏子春秋·谏上二》："凡人之所以贵于禽兽者，以有礼也。故《诗》曰：'人而无礼，胡不遄死。'礼，不可无也。"儒家以天地、先祖、君师为礼之三本。居不可一日无礼。礼为维护社会秩序的途径，而伦常又为中国社会所重视，如男女有别、长幼有序。礼式建筑乃为实现此等理想之工具，亦即实现中华民族生活之容器也。完成于战国的《周礼》成为后世中国专制王朝所宗仰的统一政治学说，据此制定的礼制，影响到园林建筑和格局的主要是儒家的"以人合天"说和礼别尊卑说。

一　以礼合天

哲学家张岱年先生言简意赅地总结了天人合一观的发展历程："发源于周代，经过孟子的性天相通观点与董仲舒的人副天数说，到宋代的张载、二程而达到成熟。"孟子认为，"圣人之于天道也，命也，有性焉，君子不谓命也"，承认有"天道"。汉初《淮南子·精神训》有"圆颅方趾"说："头之圆也象天，足之方也象地。"汉儒之首的董仲舒明确提出著名的"人副天数"说：人的头圆，"象天容也，发象星辰也，耳目戾戾象日月也，鼻口呼吸象风雨也"，肯定了人的生命与天数相参与相连。

基于此，中国古代的宇宙观同样规范了礼制，人们也习惯以伦理学的眼光观察宇宙，并与现实社会相比附，于是将宇宙说与政治学混为一谈，并视礼制为规范人们回归"天道"的金科玉律。

园林作为"艺术的宇宙图案"，以"三垣、四象、二十八宿"为主干的组织严密、等级森严的空中社会，很早就成为中国宫苑"像天"的范本，"其规矩制度，上应星宿"。

"顺天理，合天意"的礼式建筑，指皇家宫区、寺庙、衙署、住宅，是礼的固化，严格按照礼仪等级，采用的是均衡对称的布局，庄重肃穆；受到古代宇宙论中的盖天说，即"天圆地方"说的极大制约。龙庆忠先生在《中国建筑与中华民族》一书中指出："中国建筑平面之布局中礼式布局，常为南面有中轴，取左右均齐之方式。……其礼式之布局，不仅为用最广，且自古至今仍然不变，实为世界建筑中之奇迹也。此盖以我民族为有礼仪生活之民族，其能广用此种布局迄于今者，实不足为奇也。"礼式建筑特别强调中轴线意识，沿南北轴心线排列，轴心线两边的建筑在位置、大小、排列上相互平衡，以围墙和围廊构成封闭式整体，反映的正是"天圆地方"的宇宙意识和空间观念：中轴对称表示"天圆"；四周围墙或围廊则表示"地方"。美国学者克里斯蒂·乔基姆在《中国的宗教精神》中这样说："作为中国建筑基础的有关神圣空间的观念就被同心、南北轴心、东西对称这三条原则所统制，所以这些反映了中国人对宇宙秩序的理解。"这类建筑格局，显得均衡、整肃、对称、谐调，呈现出严格对称的结构美和典雅庄重之美。

面积有限的故宫御花园，为体现"国朝威仪"，采用了严谨的中轴线对称布局，甚至连亭楼的名称都运用了左右对仗的修辞，如千秋亭对万春亭、浮碧亭对澄瑞亭，园路也笔直无隐。建福宫、慈宁宫亦复如此。

即使是最具江南园林清韵的宁寿宫花园即乾隆花园也未能脱此窠臼，虽然全园五个院落，除第二进院落外的其他四个院落，都采用非对称格局，但五个院落内的主体建筑都在同一条中轴线上。由此可见，营构这些内庭花园，犹如戴着镣铐跳舞，设计者只能勉为其难地在山石、建筑小品、建筑色彩诸方面求些变化。

“静明园”【图 3-1】整体布局平面呈现的是非规整非对称状，但它的建筑东岳庙、圣缘寺、含晖堂、书画舫等呈中轴线对称格局；颐和园中的谐趣园整体布局不对称，但涵远堂、知春堂、澄爽斋、湛清轩、知春亭等强调中轴线格局；承德山庄宫殿区主要由正宫构成，为九进院落，分前朝和后寝两部分，处在一条中轴线上。山庄两座宏敞的楠木大厅，一在正宫内，一在延熏山馆内，都是仿故宫太和殿的。延熏山馆内的楠木大厅是在正宫未建成前康熙接见官吏、处理朝政之处。

图 3-1 静明园

士大夫宅第如计成所说“家宅住房，五间三间，循次第而造”的，也为礼式建筑，包括四周建有高墙的北方四合院建制，其结构、位序、配置亦皆依礼而制，建筑构图同样反映出“天圆地方”的宇宙意识和空间观念。

苏州拙政园住宅部分位于山水园的南部，分成东西两部分，呈前宅后园的格局。住宅坐北面南，纵深四进，有平行的二路轴线，主轴线由隔河的影壁、船埠、大门、二门、轿厅、大厅和正房组成，侧路轴线安排了鸳鸯花篮厅、花厅、四面厅、楼厅、小庭园等，两路轴线之间以狭长的“避弄”隔开并连通。住宅大门偏东南，避开正南的子午线，因这是封建皇权与神权专用。

二　人伦轨模

园林建筑的基本结构形式是《易・系辞下》所称的“上栋下宇”，体现了中华先民的时空意识。《黄帝宅经》说：“夫宅者，乃是阴阳之枢纽，人伦之轨模。非夫博物明贤，无能悟斯道也。”注重伦理、调和阴阳，“万物负阴而抱阳，冲气以为和”，园林的居住空间，无论是北方的四合院还是南方的多进院落式，都是四面围合、坐北朝南、前低后高、中间空虚，正是“负阴抱阳”“藏风聚气”的理想居住空间。

《礼记・乐记》：“天高地下，万物散殊，而礼制行矣。”孔颖达疏：“礼者，别尊卑，定万物，是礼之法制行矣。”“进退有度，尊卑有分，谓之礼”，尊卑等级秩序，乃为“天定”的法规。

住宅为“礼之具”，《周易·家人卦》《象》曰：“家人，女正位乎内，男正位乎外。男女正，天地之大义也。家人有严君焉，父母之谓也。父父子子、兄兄弟弟、夫夫妇妇，而家道正，正家而天下定矣。”

贾谊《新书 · 礼》曰 ：“寻常之室无奥之别，则父子不别；六尺之舆无左右主义，则君臣不明；寻常之室、六尺之舆处无礼，即上下舛道，父子悖乱，而况其大者乎？”

男主外，女主内，修身、齐家、治国、平天下。

宋代司马光《涑水家仪》：“凡为宫室，必辨内外，深宫固门内外不共井，不共浴室，不共厕。男治外事，女治内事。男子昼无故不处私室，妇人无故不窥中门。……女仆无故，不出中门，有故出中门，亦必拥蔽其面。铃下苍头但主通内外宫，传致内外之物。”

先秦时期还没有确立以面南为尊的意识，随着对皇权的推崇和神圣化，建筑格局上的“阳尊阴卑”等级秩序的强调也越来越严格，位尊者处于中央地位，面东西者次之，面北者最低。

皇家园林体现了“家国同构”的宫区和苑景区，宫区建筑和私家园林住宅建筑部分，受等级制度严格制约。

北京明代紫禁城的格局成为皇家园林布局范本：长方形的平面，整个院落分“前朝”和“后寝”两大部分，“前朝”以太和殿、中和殿、保和殿及东西两侧的文华殿及武英殿组成，是皇帝处理国事和举行盛大典礼的地方；“后寝”以乾清宫、交泰殿、坤宁宫及东西六宫组成，是皇帝及后妃、未成年的子嗣们居住的地方，而御花园即苑景区在紫禁城最北端。

如避暑山庄【图 3-2】的宫殿区位于山庄南端，包括正宫、松鹤斋、东宫和万壑松风四组建筑群。正宫在宫殿区西侧，是清代皇帝处理政务和居住的主要所在。按“前朝后寝”的形制，由九进院落组成，布局严整，建筑外形简朴，装修淡雅。主殿“澹泊敬诚”殿，全部用四川、云南的名贵楠木建成，素身烫蜡，雕刻精美。布局严整，是紫禁城的缩影。

颐和园除了以仁寿殿为中心的政治活动区

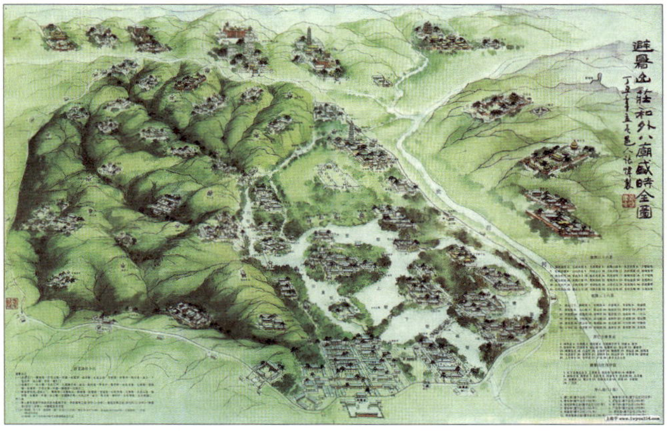

图 3-2 避暑山庄全图

外，万寿山前山以排云殿为中心的一组宫殿式建筑群，是当年慈禧太后过生日接受贺拜的地方。从昆明湖北岸的中央码头开始，经云辉玉宇牌楼、排云门、金水桥、二宫门、排云殿、德辉殿、佛香阁、众香界、智慧海九个层次，层层上升，构成一条笔直的中轴线，两边殿堂也是严格对称的。41 米高的佛香阁为主殿，八面三层四重檐庄重浑厚、富丽堂皇，坐镇山南，君临御苑。

私家园林亦复如此。如江南古典园林的住宅建筑以一进院落为单元，向纵深方向贯穿组合而成一整体，平面布局呈长方形，处在中轴线上的主殿和主厅，面南、体量最大。为避内外，在外墙侧辟一条长弄，弄堂狭长，从入门第一进贯穿到最后一进院落，称“备弄”，陈从周查证出应该叫“避弄”，扬州一带则叫“火巷”。苏州潘家礼耕堂的备弄长达 150 米，供宅内仆从出入，他们都不能穿堂入室，只能行走备弄，也是宅内防火安全通道。

苏州网师园住宅区，主厅“万卷堂”面南，位住宅正位，最尊，面阔五间，三明两暗，正中三间，宽敞宏亮，为园主执行礼仪的主厅堂，西侧为书房。东侧“避弄”连贯三进，直通后花园，供女眷、仆婢通行，以避男宾与主人。大厅对景“藻耀高翔”砖雕门楼，堂皇气派，雕刻精美，号“江南第一门楼”；大厅后为女厅“撷秀楼”，二层楼，亦五间，带厢，为主人全家居住所在。对景为“竹松承茂”墙门，雕刻简洁；位于住宅区中轴线之北的梯云室，是孩子们活动的场所，室南有庭园。

耦园住宅居中，双园傍宅，东园处震卦，象征春天、长男;西园位于兑卦，象征秋天、少女。东园为主，面积大，位左；西园为辅，位右。阳大阴小，男尊女卑，秩序井然。

退思园【图 3-3】呈西宅东园格局，西宅又分内外宅两区，南北并行：外宅除了门厅，仅有茶厅和正厅，沿轴线布置；内宅，是园主居住及藏宝重地，建南北两幢五底五上的“畹芗楼”，楼与楼之间由东西双重廊与之贯通，廊下各设楼

图 3-3 退思园揽胜阁

梯供上下，俗称“走马楼”，内外有别。

中庭以“坐春望月楼”为主体，楼的东部延伸至花园部分，设一不规则的五角形楼阁，名为“揽胜阁”，女眷们可以足不出户，俯瞰饱览东部山水园全景。

浙江平湖莫氏庄园西后花园西楼二层外过道的墙上，开着一博古架式的透窗，楼上的妇女，通过此窗可将正厅里的来客尽收眼底。

北方四合院在院内设有照壁和二进门，将庭园分成前后两部分。正中有门房、门楼，正房设在后院，由上房、侧房、下房及附房组成。长辈住上房，晚辈住侧房，妇女不能进前院，宾客外人亦不能进后院,体现了严格的长幼尊卑秩序。

三　门第符号

中国园林所属性质、地域的不同，决定了建筑风格、空间组合形式和色彩的不同，建筑逐渐形成了社会等级语义。

自西汉萧何确立了皇家建筑“非壮丽无以重威”的思想以后，体量和色彩首先成为皇家与私家园林建筑的美学标准。皇家园林建筑装修豪华、参差楼台金碧里，表现出恢弘堂皇的皇家气派；私家园林建筑轻巧、玲珑、纤细、通透、朴素淡雅，表现出秀丽、雅致的风格。

园林建筑上有许多装饰，自先秦时代起就作为“辨贵贱”的符号，大多兼有实用功能或从实用功能逐步演化成门第符号。

正门两边的砷石，门下的石礅，也叫门枕石，为承受门下轴的基石，露在门外面的部分被加工雕成圆鼓形即抱鼓石，都具有保护大门不受强力的碰撞，支撑枋柱和保证柱子不遭受腐蚀、不下沉等功能，为建筑功能上的需要，逐渐附加上社会等级语义，成为中国宅门“非贵即富”的门第符号、最能标志屋主等级差别和身份地位的外在标志和装饰艺术小品。吴良镛先生说：“已经不仅是一种样式，而是植根于生活的深层结构，是一种居住文化的体现。”抱鼓石绝不脱离它主人背后的政治、经济基础而独立存在。

清代张廷玉等所撰《明史·舆服四》中有：“百官第宅：……公侯……门三间，五架，用金漆及兽面锡环。……一品、二品……门三间，五架，绿油，兽面锡环。三品至五品……门三间，三架，黑油，锡环。六品至九品……门一间，三架，黑门，铁环。”清代沿袭明制，《清律例》：“一二品正门三间五架、三至五品正门三间三架、六至九品正门一间三架。”

抱鼓石上有的饰三狮滚绣球浮雕。神兽狮子随着佛教的中国化，衍化为镇守宅门的神兽，并与中国帝王时代最高官职太师和少师联系起来。狮子滚绣球的造型据说渊源于南朝元嘉二十二年（445）与南方林邑国发生的一场战争。宗悫为先锋，他在战事连连受挫后想出了一条妙计，命令部下雕刻木块，制作成狮子头套，戴上面具，复披上黄衣，敌方以为是真狮子冲过来了，败阵而逃，宗悫大获全胜。这种作战方法流传民间，并逐渐增添了狮子舐毛、搔痒、打滚等可爱的动作，并演绎为狮子送祥瑞的习俗。“狮”与“事”“嗣”谐音，雌雄双狮与幼狮三狮争球，象征“好事成双”“子嗣昌盛”，阖家喜庆幸福。

作为建筑守护者的狮子头部鬈毛凸块数目也是按它所守护的主人的官阶而定。主人官位品级越高，鬈毛疙瘩数量越多：一品官或公侯等府第前的石狮头部有十三个鬈毛疙瘩，谓之“十三太保”；一品官以下石狮的鬈毛疙瘩，则要逐级递减，每减一品就要减少一个疙瘩，七品官以下门前摆石狮即为僭越。

嵌饰在门上的铜质铆钉称鼓钉。春秋时为防止敌方火攻，在木构城门上包上铁板（一说涂上泥），并用戴帽的门钉固定。据说这种“门钉”与“铺首”都是由螺形演变而来的。《后汉书·礼仪志》记载：“殷人水德王，故以螺首。慎其闭塞，使如螺也。”宋代程大昌《演繁露》：“今门上排立而突起者，公输般所饰之台也。《义训》：‘门饰，金谓之铺，铺谓之钷，钷音欧，今俗谓之浮沤钉也。’”皇家和贵族大门上的“浮钉”，镀以镏金，奕奕煌煌，典丽堂皇，气派非凡。有取其五行中属“水”的吉祥内涵，有防火的实用功能。

“金沤浮钉，宛然世家”，明清时期成为等级符号。王府大门的间数、门饰、装修、色彩都是按规制而设的：皇帝进出的大门均有纵九横九共八十一个门钉【图 3–4】。取“九”这个数字，因为“九”是最大的阳数，《易·乾》“九五，飞龙在天”，古代以“九五之尊”称指帝王之位，表

图 3–4 乾清门金沤浮钉

示至高无上。郡王、公侯等官府的门钉数则依次递减，例如纵九横七，纵横皆七、皆五等。如清顺治九年规定“亲王府正门广五间，启门三……绿色琉璃瓦……每门金钉六十有三”，“世子府门钉减亲王九分之二”。也就是说，九路门钉只有宫殿可以饰用，亲王府用七路，世子府用五路。

唯有北京故宫东华门的门钉为偶数七十二颗，原因有两说，一曰：明思宗是由东华门仓皇出逃自缢于煤山的，因此清皇室认为东华门不吉利，决定由此门进出皇家灵柩，生为阳，死为阴，故用偶数，偶数属阴。二曰：出于清统治者的怀旧情结，因为沈阳故宫的大清门为三十二颗钉，偶数；东华门向东，门钉如此取数，是一种有意的呼应。

私家园林门上也饰以鼓丁，色彩变成暗黑，如网师园砖刻门楼大门上的鼓丁，装在水磨青砖上，既有防火的实用功能，又旌表了门第，并起到了装饰效果。古代大门无门钉称白丁，指没有社会地位，《陋室铭》所谓“往来无白丁”，就是说与之交往的人都是很有社会地位的。

屋顶正脊两端的兽形脊饰称鸱吻或鸱尾。汉代多用凤凰，南北朝至隋唐用鸱尾，头在下尾朝上，张口吞脊，作吐水激浪状。在一些画像石和明器及地方民间建筑上可见早期的鸱尾形象。至宋元时期，又蜷曲如鱼尾；明清时期则尾向外蜷

图 3-5 虎丘龙吻脊

曲似龙形，又称“吻兽”或“龙吻”【图 3-5】。清代官式建筑的鸱尾身上还有把利剑，传说是仙人为了防止能降雨消灾的脊龙逃走因而将剑插入龙身。其实，在脊龙背上开口以便倒入填充物，剑靶是作为塞子用来塞紧开口的。

《营造法式》载《汉纪》，称汉代“柏梁殿灾后，越巫言，海中有鱼虬，尾似鸱，激浪即降雨，遂作其象于屋以厌火祥”。李允鉌在《华夏意匠》里说：“据说鸱尾是佛教输入后而带来的一种意念，所谓虬尾似鸱的鱼，就是‘摩诘鱼’，所谓‘摩诘鱼’，就是今日所称的鲸鱼，鲸鱼会喷水，因此将它的尾巴的形状放在屋顶上象征性地希望它能产生‘喷水’的防火作用。”总之，鸱尾瓦件原为镇降火灾的象征物，后来衍化为“辨贵贱”的标志。

屋脊式样分殿庭筑脊与厅堂筑脊两类。龙吻脊是最高等级的屋脊，俗称龙门脊，指在殿庭正脊两端所塑的头尾均为龙形的脊。龙吻脊饰最早出现在金代，明清时普遍见于宫殿、陵墓、寺庙等建筑，这时龙脊饰的象征意义除了厌火，还象征天、皇权和神权。

鱼龙吻指正脊两端所塑龙头鱼尾之脊，品位较龙吻脊低，它是伴随隋唐时期兴起的科举制度而大量出现的。鱼、龙之属本为一类，鳞甲貌似，都属水族，在上古神话中就有鱼变龙的传说。汉代刘向《说苑》卷九，讲述过一个龙鱼转换的故事。据《艺文类聚》《太平广记》引《辛氏三秦记》曰："龙门山在河东界。禹凿山断门，阔一里余，黄河自中流下，两岸不通车马。……每岁季春，有黄鲤鱼，自海及诸川争来赴之。一岁中，登龙门者不过七十二。初登龙门，即有云雨随之，天火自后烧其尾，乃化为龙矣。"寒士的"金榜题名"成为"跳龙门"的象征，科举落第者则"点额不成龙，归来伴凡鱼"。龙头鱼身的鸱吻造型，既象征着"变龙"的期盼，又借龙首吐水，借以阻挡风雨雷电，确保屋宇永固。

龙脊饰不能用于私家园林，苏州园林礼式建筑屋脊样式按照品第有鱼龙吻、哺龙脊、哺鸡脊、纹头脊、雌毛脊、甘蔗脊、燕尾脊等多种。

藻井是中国传统建筑顶棚结构装饰，指室内顶棚凹进去的部位，呈方形、多边形或圆形凹面，其形如井。"藻"即水藻等水中植物，代表水；

“井”，即天文上所称的“东井”，为储水之所。《风俗通》曰：“殿堂象东井形，刻作荷菱，菱，水物也，所以厌火。”张衡《西京赋》有“蒂倒茄于藻井，披红葩之狎猎”句，李允鉌解释说：“茄，即荷茎，与荷蕖、莲华等同属一物，绘上这些植物图案，同样也是寓意防火。‘藻’是水生植物的总称，‘藻井’这一名词可能就是由此而来。”藻井的最初含义和“鸱吻”一样，应该是克火的。

藻井是建筑级别的标志，是一种具有神圣意义的象征。只能在宗教或帝王的建筑中应用。所以，藻井多用在宫殿、寺庙中的宝座、佛坛上方最重要部位，一般的士人园林厅堂建筑上都不能使用，苏州园林中只有拙政园原忠王府的厅堂上饰有藻井。艺圃的乳鱼亭上也有藻井，饰有夔龙图案。

五龙亭中最大的龙泽亭位于五亭中央，双檐攒尖顶，上圆下方，高大的双檐尖形成巨大的空间，安放皇权特征的藻井，顶端一条巨龙盘卧，俯首下视，别有威严之感。圆形藻井四周八条飞龙组龙环，群龙全身为金色，再外围是两圈蓝绿色彩绘团龙图案的数十个小藻井，与中间黄龙形成强烈的色彩对比，突出了金碧辉煌的气派。再外是数块垂直栏板，由金色的奔龙缭绕，组成适合纹样，又和中间的黄龙产生色彩的呼应，体现了此藻井极高的建筑级别。

江南私家园林建筑都为粉墙黛瓦，除了与皇帝有一定特殊关系外，不使用大红大绿色彩，更不能使用帝王专用的尊贵之色——黄色。皇家园林的建筑色彩级别最高，多以黄、绿、蓝、红等正色为主调，红柱子、黄琉璃瓦盖顶，有些亭子采用黄绿相间的琉璃瓦，配上亭檐下面蓝绿色调的彩绘，加强了色彩冷暖对比，色彩浓艳。

建筑垂脊上装饰的瑞兽也是一种权贵的象征。明清时期规定，在垂脊上瑞兽排在骑凤仙人之后，其顺序为：龙、凤、狮子、海马、天马、押鱼、狻猊、獬豸、斗牛等，级别最高的建筑也不能超过九种。小西天观音殿是中国最大方亭式大殿，其垂脊上的瑞兽为七个，五龙亭的瑞兽为五个，都标明了相当高的建筑级别，也显示了皇权的威严和神圣。

建筑材料也有严格的等级规定。据史料记载，和珅二十大罪第十三款中的“僭侈逾制”罪状，就是用楠木盖了府内的“锡晋斋”，屋内隔断用金丝楠木打造。《大明会典》中对屋内陈设器用也有严格的等第规定。如洪武二十六年（1393）规定，公侯、一品、二品，酒注、酒盏金，余用银。三品至五品，酒注银，酒盏金，六品至九品，酒注、酒盏银，余皆瓷、漆。木器不许用朱红及抹金、描金、雕琢龙凤文。庶民，酒注锡，酒盏银，余用瓷、漆。

第二节　天性张扬

中国礼乐文化是相辅相成的，私家山水园和皇家园林的苑景区的杂式建筑，强调了“礼”“乐”相伴相随，实现居住环境的平衡和谐。除了极个别的庭院因特殊功能采用了规整的布局形式外，一般以自由式布局为主，竭力避免均衡对称的方式，平面形状自由、多样，迂回曲折，自由灵活，以模拟和接近自然山林为目标，十分重视与环境的协调，人工与自然融为一体。所谓“危楼跨水，高阁依云”，因地制宜，随自然地势而高下，表现出建筑自然化的特点。

方向随意的奇亭巧榭等杂式建筑，吐纳槛外行云、镜中流水，崇尚自然，既蕴涵着老庄“道法自然”的命题，又寓意着《周易》“观天法地”的思想，这两种“自然”观虽各有侧重，但又相互补充，洗山色之不去，送鹤声之自来，使山水园和苑景区建筑魅力无穷。

明代计成《园冶》说：园基不拘方向，地势任其高低；只须入门成趣，随地取景。巧妙地利用自然地形，建筑随形高下，自成天然之趣，而不需人力的加工。入深处疏通源流，就低区域凿成池沼，遇有绝涧就架设桥梁，见到飞岩，就修一栈道。

圆明园"因高就深，傍山依水，相度地宜，构结亭榭"，虽平地上构园，然假山逶迤，柳荫路曲，碧水荷香，一任自然，远岫近水，风花雪月，草木虫鱼等大自然美景因时而变，四时园景旖旎迷人。

清代性灵派诗人袁枚将自己的园林命名为"随园"【图3-6】，解释道，"随其高为置江楼，随其下为置溪亭，随其夹涧为之桥，随其湍流为之舟"，突起险峻的地方，点缀它的气势；平坦而且草木旺盛的地方，设置了观赏设施。有的风景加强，有的风景抑制，都随它的丰盛萧杀繁茂贫瘠情况而定，皆"就势取景"，"乃名曰'随园'"，十分形象地说明了构园的基本原则。

一　千姿百态

清代诗人沈德潜称"堂以宴、亭以憩、阁以眺、廊以吟"，古典园林根据居住、读书、作画、抚琴、弈棋、品茶、宴饮、憩游等需要而筑，单体建筑类型千姿百态，造型多样，亭、台、楼、阁、

图 3-6《随园》版画

斋、轩、堂、厅、馆、榭、廊、舫舟、塔、幢、坊、表等，可居、可游、可观、可行，反映了鲜明的人本精神。即使同一名称的建筑样式也不拘一格，各有千秋，如廊，有沿墙走廊、爬山游廊、空廊、水廊、回廊、楼廊、直廊、曲廊、抄手廊、叠落廊、桥廊、复廊等，各具特色，个性鲜明，蕴含了丰富的情感因素。

园林中的建筑物是为了得到和丰富对于空间美的感受，将审美功能与实用功能巧妙结合，具有虚无之美、造型之美、韵律之美、意境之美和文化之美等美学特征。如戗角欲飞，“如鸟斯革，如翚斯飞”，四宇飞张；柱间微弯的吴王靠、状若飞动的廊桥、云墙、水廊，无不给人以飞动轻灵之美感。屋顶有歇山、硬山、悬山、攒尖等形式。

“亭”被誉为镶嵌在中国古典园林王冠上的明珠，最富特色：最早的亭称“亭燧”或“亭隧”，是古代边境上用以瞭望和监视敌情的岗亭、土堡，亦称“亭堠”“亭候”。秦汉时衍为行政机构及供旅客宿食的处所即驿亭，此后逐渐移植到园林之中，“亭者，停也”，“随意合宜则制”，成为缀锦点翠的开敞的小型建筑，造式无定。

“梅花、十字，自古未造者”，故计成在《园冶》中画了梅花亭的图式：“先以石砌成梅花基，立柱于瓣，结顶合檐，亦如梅花也。”苏州邓尉山的梅花亭、御花园碧螺梅花亭，都是极为罕见的亭式建筑。

环秀山庄外庭院内“海棠亭”，出于清康熙间香山名匠徐振明之手，建筑形式为国内孤例：亭式如海棠，柱、枋、四面窗栏亦以海棠为基本构图，勾心斗角，雕镂精细。亭的藻井、宝顶等装修都如硕大的海棠。更为奇妙的是，原先的东西两门都能自动开合。人要登亭，距离亭子一步，门即豁然洞开，进入后门即砰然关闭，不烦人用手；人出来也是如此。就像今天流行的电子自动门，其技艺高妙绝伦。人们都感到十分惊奇，“四顾谛审，莫知其机关何在”。

其他如秀丽精致的圆形“笠亭”、玲珑精致

的扇面半亭、神秘的八卦亭、罕见的三角亭、喜庆的鸳鸯双亭、压邪的方胜亭，还有四角、五角、六角、横圭，乃至十字、缺角形等造型。

亭的顶盖样式，有轻盈的单檐、庄重的重檐、灵动的攒尖，凡此种种；柱式有四柱式、六柱式、八柱式、十二柱式、十六柱式等，立柱高度与亭盖高度的不同比例，构成了亭的不同的艺术美。

苏州复园（拙政园西部）满轩西侧沿廊西一湾流水自北而南蜿蜒流淌，南头池心石柱顶着橘红色八角亭，灯笼锦窗棂，用湖石遮掩，形式自然，有小桥和池岸相连，亭下假山临水砌成羊肠小径，亭影倒映水中似塔，“塔影挂清汉，钟声和白云”，蔚蓝色的天空，明丽的日光，荡漾的绿波，鲜嫩的萍藻和红色的塔影组合成一幅美丽的画面，给人极美的视觉享受，名“塔影亭”【图 3–7】。

“宜亭斯亭”，临水之亭可待月，山巅之亭可揽胜，灵活多变。北海有 49 座亭式不一的建筑，有圆形亭顶的镜澜亭、见春亭，有沁香亭、云依亭、意远亭、慧日亭等四角亭，有朵云亭、峦影亭等六角亭，有引胜亭、涤霭亭、枕峦亭、妙香亭、小昆邱亭等八角亭。大部分亭子是单檐或双檐攒尖顶亭，也有撷秀亭歇山顶亭，还有悬山屋面的碧鲜亭，等等。体现了皇家园林集锦式的构成特点。

五龙亭伸入水中，由五间亭子组成，五亭

图 3-7 拙政园塔影亭

俱为方形，前后错落布置。中间亭子是专供封建帝后们钓鱼、赏月、观焰火的龙泽亭，最大，重檐，下方上圆；左右对称各置两亭，左为“澄祥”“滋香”，右为“诵瑞”“浮翠”，为文武官员陪钓处，合称五龙亭。五亭皆为绿琉璃瓦顶，黄瓦剪边，檐下梁枋施小点金旋子彩画，绚丽多彩，金碧辉煌。五亭之间由桥与白玉石栏杆相连呈S形，形如游龙，故称龙亭。

园林中的亭，内部造型也不拘一格。如狮子林真趣亭，结构特殊，亭内前二柱为花篮吊柱，似花篮厅；扁作大梁上为菱角轩和船蓬轩，又如鸳鸯厅。

清晖园澄漪亭，虽名为亭，实际却是典型的水榭做法:临水架起平台，平台部分架在岸上，部分伸入水中，平台上建有长方形的单体建筑，临水一面是常用落地门窗，开敞通透。观者既可在室内观景，也可到平台上游憩眺望。苏州残粒园方亭，设有坐榻、壁柜、博古架、鹅颈椅，亦亭、亦轩、亦楼，具有多功能的特点。

亭的文化内涵十分丰富，如形如折扇的扇亭，折扇初称蝙蝠扇，始创于日本，据说是神功皇后三韩征伐时，见蝙蝠羽始作扇，是模仿蝙蝠的翅膀而发明的，在中国有“福善”之意。又《孔子家语·辨乐》《礼记·乐记》疏引《尸子》和《史记·乐书》集解中，都引述过的虞舜作五弦琴，歌《南风》的传说，蕴含帝王像舜那样关心黎民百姓、“扇拔皇恩，体恤民心”的意蕴。皇家园林的扇亭每每取其意。北海扇面亭名“延南熏”。

相传晋代文学家袁宏得官上任前，谢安在袁宏赴任前赠送他扇子一把，并说：“愿君多施仁政，扬仁义之风。”宏心领神会，马上应声道：“我一定奉扬您的仁风，去抚慰那里的百姓。”颐和园乐寿堂西的小庭园内有一栋小小的扇面殿“扬仁风”，殿前地面用汉白玉石拼成扇骨形；凹进的扇面墙恰似汉字“风”的“几”旁，建筑之巧，令人称奇。这座颇为别致的小院，标榜的就是“好播仁风弥六合”的意思。摄政王府花园，山上建的箑亭也取个中之意。

园林中也有寺、观、坛、庙、街市、关隘等组群建筑。如皇家园林将酒肆沽卖等社会生活的“活景”搬入园中的买卖街。

史载，第一个在宫内西园列肆做“买卖”的是东汉灵帝（168—189年在位）；他还在西园开旅馆，令宫女扮作客店主人，他穿着商人服装来投店，住下后，由宫女送来酒食，于是一块吃喝，心里特别痛快。

北齐后主（565—577年在位）在邺城华林园中设立一个贫穷村舍，自己穿着破衣烂衫，装成乞丐，向人讨饭；又设了一个贫穷市场，亲自交易，讨价还价，以为乐趣。

南齐东昏侯萧宝卷（499—501 年在位）建造芳乐苑，里面设立市场，令宫人充当卖酒妇，让潘妃当市令（管理人），自己当市魁（首领）。买卖时，如有价格、斤两等等争执，双方找市令潘贵妃评判解决。他以为这种生活很有意思而乐此不疲。

清漪园买卖街，“盖山之右臂，玉泉山水所经，颇有江南景致。高宗仿苏州山塘之胜为宫市，皆有悬额”，今颐和园后湖的苏州街，可略见其意。

乾隆年间，设在圆明园福海东边的买卖街大小店铺莫不具备，有茶馆，有饭肆，有估衣店，甚至还有用小筐卖瓜子的小摊。店主人都是太监。店内的营业和市面上一样，茶馆里发出哗笑声，饭馆里有高声叫喊的点菜声，就是乾隆皇帝逛到这里，大家也是照常进行，并不回避，让皇帝真像置身于市井中，以取得欢乐感。

二　观山虚牖

《老子》十一章：“凿户牖以为室，当其无，有室之用。”“户牖”则指门窗。开凿门窗，建造房屋，有了门窗四壁中空的地方，才有房屋的作用。美国建筑大师弗兰克·劳埃德·赖特盛赞道：“据我所知，正是老子在耶稣之前五百年，首先声称房屋的实在不是四片墙和屋顶，而是在于内部空间。”这就是道家所称的“有无相资”或“虚实相资”。《易·系辞传下》则用“上栋下宇”的提法，揭示建筑的本质乃是人造的适用空间：“上古穴居而野处，后世圣人易之以宫室，上栋下宇，以待风雨，盖取诸《大壮》。”

笪重光《画筌》曰：“山实，虚之以烟霭；山虚，实之以亭台。”刘熙载说：“虚实相生，无画处皆成妙境。”

这种“有无”的辩证理念在园林中通过借景的艺术手法得到了广泛的运用。计成《园冶》说：“园林巧于因借……因者：随基势高下，体形之端正，碍木删桠，泉流石注，互相借资……借者：园虽别内外，得景则无拘远近，晴峦耸秀，绀宇凌空；极目所至，俗则屏之，嘉则收之，不分町畽，尽为烟景，斯所谓‘巧而得体’者也。”

园林通过各种巧妙的“借景”“虚实”的种种方式、技巧，诸如利用空廊、洞门、空窗、漏窗、透空屏风、槅扇等，形成隔而不隔、丰富多彩、跌宕起伏的园林空间序列，达到庭园深深深几许和柳暗花明又一村的空间效果，组成各种不同形式和风景主题的院落，使建筑群与自然山水的美沟通汇合起来，形成一个更为自由也更为开阔的有机整体的美。连远方的山水也似乎被收进这人为的布局中，山光、云树、帆影、江波都可以收入建筑之中。

窗是中国建筑艺术的“呼吸器官”和“视觉

器官”，明末清初的李渔创构了湖舫式、便面窗外推板装花式、便面窗花卉式、便面窗虫鸟式、山水图窗、尺幅窗图式、梅窗等具体图式，余皆可类推。如湖舫“便面”窗，“是船之左右，止有二便面，便面之外，无他物矣。坐于其中，则两岸之湖光山色、寺观浮屠、云烟竹树，以及往来之樵人牧竖、醉翁游女，连人带马尽入便面之中，作我天然图画。且又时时变幻，不为一定之形。非特舟行之际，摇一橹，变一象，撑一篙，换一景，即系缆时，风摇水动，亦刻刻异形。是一日之内，现出百千万幅佳山佳水，总以便面收之。”

“又尝作观山虚牖，名‘尺幅窗’，又名‘无心画’，姑妄言之。浮白轩中，后有小山一座，高不逾丈，宽止及寻，而其中则有丹崖碧水，茂林修竹，鸣禽响瀑，茅屋板桥，凡山居所有之物，无一不备。”

千姿百态的漏窗、洞门、空窗等都能将美的对象间隔起来，构成天然的取景框，可以接纳“山之光、水之声、月之色、花之香”等虚景和山水人物等实景，组成宗白华先生所说的形、景、情三层艺术结构，“使片景孤境自织成一内在自足的境界，无求于外而自成一意义丰满的小宇宙”。

计成称“刹宇隐环窗，仿佛片图小李；岩峦堆劈石，参差半壁大痴”，环窗隐塔影，好似唐代李昭道所绘的小幅景物；或将岩石堆成山

图 3-8 寄畅园借景

岩，就如黄公望所绘的半壁山水了。无锡寄畅园【图 3-8】远借锡山龙光塔，近借惠山九峰之月，俯瞰寺容庙貌；狮子林将怪石嶙峋的多孔石峰“九狮峰”镶嵌进海棠形“探幽”门宕，成为绝妙的一幅框景【图 3-9】。

总之，“轩楹高爽，窗户邻虚，纳千顷之汪洋，收四时之烂漫”。美学家宗白华先生说：“明代人有一小诗，可以帮助我们了解窗子的美感作用。‘一琴几上闲，数竹窗外碧。帘户寂无人，春风自吹入。’这个小房间和外部是隔离的，但经过窗子又和外边联系起来了。没有人出现，突出了这个小房间的空间美。这首诗好比是一张静物画，可以当作塞尚（Cyzanne）画的几个苹果的静物画来欣赏。”

三　曲径寻诗

中国古典园林是时间和空间的艺术，建筑与

图 3-9 狮子林海棠窗景

建筑之间各抱地势，勾心斗角。诚如美学家李泽厚在《美的历程·建筑艺术》中所言："它不是以单个建筑物的体状形貌，而是以整体建筑群的结构布局、制约配合而取胜。非常简单的基本单位却组成了复杂的群体结构，形成在严格对称中仍有变化，在多样变化中又保持统一的风貌……这种本质上是时间进程的流动美……体现出一种情理协调、舒适实用、有鲜明节奏感的效果，而不同于欧洲或伊斯兰以及印度建筑。"

即使是规整式序列的明清皇家宫区建筑，也是庭院融于山水花木，与自由式序列一样，都是由前序、过渡、高潮、结尾几个部分组成，抑扬顿挫一气贯通。建筑的平面纵深空间的组合和音乐一样，是一个乐章接着一个乐章，有乐律地出现，它常用不同的形状、大小、敞闭的对比、阴暗和虚实等，步步引入，直到景色的全部呈现，达到观景高潮后遂逐步收敛而结束，这种和谐而完美的连续性空间序列，呈现出强烈的节奏感和乐律美，有“凝固的音乐”之称。

大型的皇家园林根据不同的需要及地形特点划分景区，“庭院深深深几许？杨柳堆烟，帘幕无重数”，通过隔景、障景、引景、对景等“无重数”的“帘幕”，渐入佳境，园中有园，景中有景，湖中有岛，岛中有湖。虚虚实实，景色丰富多彩，空间变化多样。

“安知清流转，忽与前山通”“青山缭绕疑无路，忽见千帆隐映来”，达到“山穷水尽疑无路，柳暗花明又一村”【图 3-10】的艺术效果，有尽变奇穷之趣；“一分钟效应”设计，避免产生审美疲劳。

颐和园有条“寻诗径”，用唐“诗鬼”李贺背着诗囊，到荒郊枯坟寻找灵感、呕心沥血觅得佳句的典故。《唐诗纪事》：“李贺每旦出，骑弱马，从小奚奴，背锦囊，遇所得赋诗，书投囊中。”这条路用叠石构成的石涧，苔径缭曲，护以石栏，寻幽无尽。园林中这类寻诗的“吟廊”不少。个园的曲廊邃宇中有条“觅句廊”，有袁枚诗联“月

图 3-10 留园“又一村”

映竹成千个字，霜高梅孕一身花”；秋霞圃也有“觅句廊”，为南北复廊，廊有五曲，是名副其实的曲廊。“廊以吟”，是吟诗觅句的极佳所在。廊上有亭名“洗句”，亭者停也，觅得诗句，尚需停下来锤炼，犹如用水洗涤，留下精华。

第三节　视觉传承

古代匠师对大木做的框架构件或承重的结构用木，涂上油漆或彩绘加以保护，但彩绘怕湿，容易变色脱落，所以，自清代以来，苏式彩绘式微，普遍采用雕刻，以颐和园长廊彩画、姑苏园林雕刻和堆塑图案最为典型，形成“南雕北画”的地域特色。中国古典园林建筑装饰，镂金错彩和水木清华皆备，民俗精华和儒雅文化兼融，皇权意识和士人风雅并呈。

《荀子·礼论》说：“雕琢刻镂，黼黻文章，所以养目也；钟鼓管磬，琴瑟竽笙，所以养耳也。”中国古典园林建筑，在满足人们居住需要的同时，通过建筑的内外檐装修及字画、插屏、匾额、楹联和砖刻、摩崖、书条石等典雅装饰品，既起到建筑内部分隔空间的作用，更能体现建筑艺术的精美典雅和丰富深厚的士大夫文化体系。这些感性形态的审美价值所给人的感官享受中，包含着与人的生理同构的节奏和韵律，因此其审美作用不仅能“养目”，还能通过文化的“视觉传承”以“养心”。

“雕琢刻镂，黼黻文章”是表象思维的产物，它广泛采用比喻、象征、谐音等艺术手段，可以凭借直觉，或借助于幻想的象征力以诉之于人类的直观的心灵与情绪意境；而“美”则是它的附带的“赠品”。如皇家园林体现至高无上的“皇权”，集人欲之大成，集域内名工巧匠，刮天下金玉重器，装饰力求华丽，镶嵌金、银、玉、象牙、珐琅、百宝镶嵌等珍贵材料，将宫苑装饰得富丽堂皇，但金碧辉煌中流溢着的也是书香墨气。乾隆花园建筑梁枋彩绘大量使用了金线苏式彩画，符望阁内装修以掐丝珐琅为主，延趣楼用嵌瓷片，粹赏楼嵌画珐琅。三友轩内月亮门以竹编为地，紫藤雕梅，染玉作梅花、竹叶，象征岁寒三友。

园林装饰图案恰似一本生动形象的真善美文化教材，且寓美于举目仰首之间、周规折矩之中，使人们的心灵沉浸在美的甘露之中，获得净化了的美的陶冶，通过潜移默化的感染，达到美育和教育的目的。

一　天锡纯嘏

中国园林的建筑装饰题材中，表达世人对福、禄、寿、喜、财的祈求、对生命的礼赞等成为共性。

“天锡纯嘏”是苏州东山“春在楼”门楼朝外一面的砖雕字额，取《诗经·鲁颂·閟宫》“天锡公纯嘏，眉寿保鲁”，为颂祷鲁僖公之词，意谓天赐僖公大福，“纯嘏”犹大福。

《韩非子·解老》：“全寿富贵之谓福。”《礼记·祭统》：“福者，备也。备者，百顺之名也，无所不顺者之谓备。”福，指洪福、福气、福运。出自《尚书·洪范》中的“五福”被视为上帝对人类的训词，神圣而万能：“一曰寿，二曰富，三曰康宁，四曰攸好德，五曰考终命。”即一求长命百岁，二求荣华富贵，三求吉祥平安，四求行善积德，五求人老善终。“五福”容纳了人类全部的生活愿望，体现了中华先人对生命的关注和强烈的生命意识，形成中华民族生生不息、汩汩流淌的厚生传统。

皇家园林建筑上象征万德吉祥的卍字、蝙蝠等装饰图案触目皆是。在中国文化中，蝙蝠具有幸福长寿、避祸压邪、儒雅、扇扬仁风等象征意义，用得最普遍的是与“福”谐音。堆塑、铺地、雕刻中常见的还有天官赐福、福从天降、福在眼前、伸手有福、脚踏福地等题材。

“五福”以寿为首、为核心，其他均寓于“寿”字之中。园林中以“寿”为核心内容的构景和装饰图案触目皆是。前面提到的颐和园以养寿为中心主题，所有装饰也都围绕着“福”和“寿”，如颐和园殿堂、长廊等处的匾额上都俯着蝙蝠，另有寿桃、佛手等。“五福捧寿”等各类装饰图案，“寿”字花窗、铺地图案千姿百态。

“寿”常用松、鹤、鹿、灵芝、寿桃及神仙人物为象征。据说，鹤“朝戏于芝田，夕饮乎瑶池”，故与神仙为俦，或为仙人的坐骑。鹤既千六百年形定色白，孕，也可以千六百年饮而不食，故《淮南子》有“鹤千年，龟万年”之说。《淮南子·说林训》载：“鹤寿千岁以极其游，蜉蝣朝生暮死而尽其乐。”鹤成为中国长生不老的象征。

鹿亦为长寿仙兽，传说它与鹤一起卫护灵芝仙草。颐和园乐寿堂前的铜鹤铜鹿除了象征“六（鹿）合（鹤）同春”外，鹤鹿本身就是长寿瑞兽，强化了“寿”的主题。

古人以为桃为五木之精，可以厌伏邪气。传说西王母瑶池所植的蟠桃，三千年开花，三千年结果，吃了可增寿六百岁，故有“仙桃”“寿桃”之美称。相传汉代东方朔曾三次偷食此桃，东方朔偷桃成为长寿的象征。《东方朔偷桃》《麻姑献寿》《八仙庆寿》《赵颜求寿》等彩绘雕刻都象征“寿”。

另有象征禄、喜、财等雕塑或铺地图案。如乐器磬加上双鲤鱼，象征吉庆双利（余）（鲤鱼）；平（瓶）升（笙）三级（戟）、刘海钓金蟾、招财利市、多利（鲤）聚头、灯笼纹、双囍、和合二仙等。

“凤穿牡丹”图案，寓“富贵双全”意；狮子林真趣亭内六扇长窗上下各刻有六幅吉祥图案，上面六幅为：“和睦延年、富贵双全、节节高升、喜上眉梢、锦上添花、鸳鸯戏水”，下面六幅为：“三羊开泰、马上封侯、威震山河、太师少师、欢天喜地、万象更新”。

象征“喜上眉（梅）梢”的鹊梅图（网师园）和“喜鹊登梅，松竹长青”（拙政园，见【图 3–11】，飞罩，松皮斑驳，竹枝挺拔，梅花拈攒，山石罅空圆滑，鸟雀栩栩如生。

二　德音惟馨

中国古代哲学中的天人合一观念，是建构

图 3–11 拙政园喜鹊登梅，松竹长青

中华道德意识的哲学基础。作为中华文化载体的中国古典园林，寓善于美，形象地体现了这一道德意识。

苏州东山“春在楼”门楼朝内一面砖额为“聿修厥德”，取《诗经·大雅·文王》：“无念尔祖，聿修厥德。永言配命，自求多福。”言不可不修德以永配天命，自求多福。

中国园林强调在“游于艺”的过程中净化心灵，“志于道，据于德，依于仁”。园林雕刻和彩画的题材中，不乏对真善美的弘扬、明君贤臣的向往等。

如《三国演义》中关羽故事、刘关张桃园结义、岳母刺字，暗喻忠义；《风尘三侠》，褒扬李靖、红拂、虬髯客三人仗义豪爽；“诸葛亮舌战群儒、草船借箭雕刻和彩画的题材”，象征智慧；《红楼梦》《西厢记》戏文象征真情；《杨家将》《苏武牧羊》《正气歌》褒扬民族大义；举案齐眉、张敞画眉、牛郎织女、和合二仙等，宣扬美好爱情、家庭和睦等伦理道德。彩衣娱亲、刻木思亲、哭竹生笋、大舜耕田、王祥卧冰、杨香打虎、郭巨埋儿等二十四孝故事传扬中华孝道；道逢磨杵、不顾羹冷、铸砚示志等二十八位勤学早慧的古贤典范，以弘扬崇文重教思想。

文王访贤、姜尚收徒、郭子仪庆寿、薛仁贵衣锦回乡等雕刻图案，是人们对明君贤臣的褒扬和期盼。

三　涤俗洗心

园林装饰题材中，还有历史名人的风雅韵事，也有对真善美的弘扬，对历史文化名人的膜拜以中国著名文学作品等，创造浓浓的书卷气和文化氛围，使园林充满了氤氲的文气。

许由和巢父是历史上有文献记载的最早隐士，并称“巢由”。“巢由”结志养性、优游山林、甘守清贫、不慕荣利等高风亮节，成为中国传统知识分子精神品格的一部分。

伯夷、叔齐是孔子称赞的“古之贤人”、商代末年孤竹国君的两个儿子，誓不食周粟，在山间采薇而食，有《采薇歌》曰：“登彼西山兮，采其薇兮。以暴易暴兮，不知其非矣。神农、虞、夏忽焉没兮，我安适归矣？于嗟徂兮，命之衰矣！”直到饿死。韩愈《伯夷颂》赞之为“昭乎日月不足为明，崒乎泰山不足为高，巍乎天地不足为容”，是后儒宁死不做贰臣的“万世之标准”。

晋人风采：竹林七贤、陶渊明爱菊、王羲之爱鹅、子猷爱竹、山中宰相陶弘景——南朝上清派道教领袖，兼修儒、佛，隐居于句容句曲山（今江苏茅山）。梁武帝对他“恩礼愈笃”，史称“国家每有吉凶征讨大事，无不前以咨询。月中常有数信，时人谓之‘山中宰相’。二宫及王公贵要参候相继，赠遗未尝脱时”，这位犹如神仙中人的“山中宰相”，成为士大夫们心慕神追的偶像。

“古今隐逸诗人之祖”陶渊明嗜菊，宋代檀道鸾《续晋阳秋》载：“陶潜尝九月九日无酒，宅边东篱下菊丛中，采摘盈把，坐其侧。未几，望见白衣人至，乃王弘送酒也。即便就酌，醉而后归。”陶渊明的这种生命史，已经如一幅中国名画一样不朽，人们也把其当作一幅图画去惊赞，因为它就是一种艺术的杰作。“陶菊”象征着陶渊明不为五斗米折腰的傲岸骨气，东篱则成为菊花圃的代称。陶渊明与陶菊成为印在人们心里的美的意象。

大唐诗仙李白抱着政治幻想当了翰林院待诏，唐玄宗李隆基与宠妃杨玉环在沉香亭赏花，召翰林李白吟诗助兴，李白即席写就《清平调》三首。李隆基大喜，赐饮。大太监高力士地位显赫，天子称他为兄，诸王称他为翁，驸马、宰相还要称他一声公公，何等神气！但李白借着醉酒，竟令高力士为他脱靴！陈御史花园裙板上的高力士为李白脱靴图中，高力士脱靴，杨贵妃捧砚，李白醉态可掬。

“竹溪六逸”、林和靖爱梅、梅妻鹤子、苏轼植梅、苏轼夜游赤壁、苏轼玩砚等典故体现了唐宋人文风雅。如文房四宝之一的砚，为文人宝爱，苏轼平生爱玩砚，对砚颇有研究，自称平生以“字画为业，砚为田”。他曾在徽州获歙砚，誉之为涩不留笔，滑不拒墨。他对龙尾砚也情有所钟，写有《眉子砚歌》《张几仲有龙尾子砚以铜剑易之》《龙尾石砚寄犹子远》等诗歌。忠王府和陈御史花园的裙板上都刻有“苏轼玩砚”图【图 3–12】：松石下，小童持砚，苏轼俯身细看；另一幅竹下、篱边，小童和苏轼各持一砚，苏轼神情专注地欣赏着砚台。

“元四家”中的倪瓒，字符镇，号云林，绘画体现了元画“高逸”的最高峰，而他的“逸笔草草”“聊以写胸中逸气”，也最能道出元代绘画的精神。因此，倪瓒在艺术史上具有至高地位，

图 3–12 忠王府“苏轼玩砚”图

明代中期“云林戏墨，江东之家以有无为清浊”，富贵人家以有云林画作为炫耀资本。

倪瓒爱洁如癖，甚至“一盥颒（洗手洗脸）易水数十次，冠服数十次振拂”，“斋阁前植杂色花卉，下以白乳甃其隙，时加汛濯。花叶坠下，则以长竿黐（粘）取之，恐人足侵污也。”据明人王锜《寓圃杂记·云林遗事》记载：“倪云林洁病，自古所无。晚年避地光福徐氏……云林归，徐往谒，慕其清秘阁，恳之得入。偶出一唾，云林命仆遶阁觅其唾处，不得，因自觅，得于桐树之根，遽命扛水洗其树不已。徐大惭而出。”梧桐，又名青桐；青，清也、澄也，与心境澄澈、一无尘俗气的名士的人格精神同构。自此，洗桐成为文人洁身自好的象征。狮子林和留园都有“倪云林洗桐”雕刻。留园的倪云林洗桐图上，水桶放在梧桐树下，倪云林站在一旁，一小童用勺子舀水正往梧桐树上浇水。留园另一幅洗桐图上，长髯飘飘的倪云林坐在岩石上手指着梧桐树，指挥小童认真地观察着梧桐，并往树上浇水。狮子林的洗桐图，梧桐树两三棵，云林坐在树旁岩石上，一伙计手拿抹布仔细地洗擦着树干，大水盆放在梧桐树下，树旁栏杆清晰可见。

颐和园长廊彩画除了取材于《封神演义》《三国演义》《西游记》《西厢记》《水浒传》《红楼梦》等古典名著和中国古代短篇小说选本《今

古奇观》、中国古代散文选本《古文观止》外，还有文人风雅“八爱”及许多诗文名句，如“时人不识余心乐，将谓偷闲学少年”，取程颢《春日偶成》诗“衾枕昧节候，褰开暂窥临”，取自谢灵运《登池上楼》；“牧童遥指杏花村”，取自杜牧《清明》；“松下问童子”取自贾岛《寻隐者不遇》；“吹面不寒杨柳风”，取自僧志南《绝句》；“随人直渡西江水”，取自李白《示金陵子》等。还有《桃花源记》《归去来兮辞》《登鹳雀楼》等名篇以及“穷不卖书留子读，老来栽竹有人砍”等藏书铭语。

园林的建筑装饰图案积淀着的历代文人的风雅，经过数千年历史的熔炼，已经成为崇文心理的物化符号，也体现了精雅的士大夫文化与民俗文化完美的交融互渗。

第四章　花木精神

迄今发现的四十余万种植物是地球生命系统的重要组成部分，山、水、建筑得草木而华，无花不成园。红兰翠菊，黛柏苍松，参差夕树，的历秋荷，经民族情感历练、过滤、积淀成含蕴丰富的民族文化符号和文人情感载体，规范着人们的审美创造、改造和陶冶着人们的心灵。构成生境、诗境、画境，徜徉涵咏，美不胜收。

第一节　民族花语

传说农业和医药的发明者神农氏尝百草，植物是先人赖以生存的食物之一，先人对植物的生态习性、外部形态乃至内在性格，观察细微，并赋以丰富的情感，“一花一草见精神”。

中国数千年来以农立国，我们将本民族命名为“华夏”，“华”者，“花”也，“夏”即“芽”，“华夏”正是农作物的收获和种植的象征。华夏先人与植物早就碰撞出情感火花，形成了中华民族特有的“花语”。花语，是用花来表达人的语言，表示人的祈福避邪的愿望或寄寓高洁情怀的载体。它在一定的社会历史条件中逐渐形成，并为大众所认同。

《论语·八佾》:“哀公问社于宰我，宰我对曰:‘夏后氏以松，殷人以柏，周人以栗。”松、柏、栗遂成夏后氏、殷、周的社稷之木。古树，具有古的文化品格，常常被看作民族、江山的象征。《楚辞·哀郢》："望长楸而太息兮，涕淫淫其若霰。"

花中的牡丹，代表繁荣富强，称为国花；草中的兰花，代表正气所宗，称为国香等。人们常常以"桑梓"隐指故土；椿（香椿）作父亲大案代词，河南有"椿树为树王"的说法。在信阳地区，红椿树是主房脊檩下的神木。萱（萱草）为母亲大案另称。

各民族对花木的欣赏习惯、栽植位置、喜好和避忌等，都有自己的习惯，成为约定俗成的民族心理，这种文化习尚，也像遗传基因一样，代代相传。

一 苔痕上阶绿

追求天人合一，自古以来就是中华民族的传统文化心理，中国古典园林在对园林花木的处理上，不用理性和秩序去干预，强迫植物同样去遵守"良好的建筑格律"，成为刺绣花圃和绿色雕刻，而是刻意保持花木的原朴风貌，虽修剪而不整形，追求"疏林欹倒出霜根""苔痕上阶绿，草色入帘青"的天然境界，注重在山、水、建筑、人、天、地相契相合的气氛中，赋予花木一种精神性的"合一"色彩。

为保持自然天成的植物风格，尽量选择乡土树种，拒绝具有天然造型风貌的雪松类植物。陈从周先生《说园》曰："风景区树木，皆有地方特色。即以松而论，有天目山松，黄山松，泰山松等，因地制宜，以标识各座名山的天然秀色。”又批评当下崇洋弊端道：“如今有不少‘摩登’园林家，以‘洋为中用’来美化祖国河山，用心极苦。即以雪松而论，几如药中之有青霉素，可治百病，全国园林几将遍植。‘白门杨柳好藏鸦’，‘绿杨城郭是扬州’，今皆柳老不飞絮，户户有雪松了。泰山原以泰山松独步天下，今在岱庙中也种上雪松，古建筑居然西装革履，无以名之，名之曰‘不伦不类’。”

苏州启园【图 4-1】位于苏州太湖东山山麓，“临三万六千顷波涛，历七十二峰之苍翠”。东山素有“花果山”之美誉，一年四季花果不断，

图 4-1 苏州启园

碧螺春茶、青梅、白沙枇杷、乌紫杨梅、桃子、枣、梨、柿、莲藕、银杏、板栗、石榴、橘子等不胜枚举。康熙手植杨梅为启园三宝之一，荷塘月色，橘树成林，茶树成片，含笑、山茶、牡丹、桂花、红枫、腊梅、铁牙松，郁郁葱葱。园内外植物相互呼应，浑然一体。

清代沈复游览江南名园海宁安澜园时，见到“池甚广，桥作六曲形，石满藤萝，凿痕全掩，古木千章，皆有参天之势，鸟啼花落，如入深山。”

沧浪亭有箬竹、紫竹、水竹、苦竹、湘妃竹、金丝竹、凤尾竹、慈孝竹、方竹、琴丝竹、翠竹、橄榄竹、毛环竹、哺鸡竹、黄金竹等各类竹子十八种，皆土产。土多石少的陆山上山径幽曲，箬竹丛生，藤萝蔓挂，古木参天，具真山野林之趣。园西古枫杨院中有树龄数百年的两棵枫杨，树身粗大，古朴苍劲。

二　季相与五行

植物具有鲜明的季相特色，花瓣中的花青素、胡萝卜素与叶片中的叶绿素，随着植物细胞胞质中的酸碱度不同，呈现出姹紫嫣红的色彩，风姿绰约。

陈扶摇《花镜》谓：海棠韵娇，宜雕墙峻宇；紫荆荣而久，宜竹篱花坞；梧竹致清，宜深院孤亭；木樨香胜，宜崇台广厦；荷之鲜妍，宜水阁南轩；菊之操介，宜茅舍清斋；蔷薇障锦，宜云屏高架；

梅花清幽高雅，宜疏篱竹坞，曲水斜坡；桃花夭冶，宜别墅幽限，小桥溪畔；杏花繁灼，宜屋角墙头……于是，一叶芭蕉，几竿修竹，梧荫匝地，槐荫当庭，夜雨芭蕉，晓风杨柳，创造了颐养天年的怡人环境。

用花木营造四季景象达到“一年无日不看花”，设四季之景、植四季之花木是苏州园林重要的配植原则。

如拙政园，春日到海棠春坞赏海棠，夏天在远香堂上闻荷香，秋上待霜亭观橘，冬末春初去雪香云蔚亭品梅花。

苏州怡园，冬末有赏梅花的南雪亭，取杜甫《又雪》诗“南雪不到地，青崖粘未消”之意，“雪”指梅花；秋天赏桂花，金粟亭匾“云外筑婆娑”，撷韩愈《月蚀》诗“玉阶桂树闲婆娑”之意；夏有赏荷花的“藕香榭”，取杜甫“棘树寒云色，茵蔯春藕香”诗意。

退思园坐春望月、菰雨生凉、天香秋满、岁寒围炉。

花台所植花木，草花有芍药、芭蕉、萱草、凤仙花、鸡冠花、蜀葵、秋葵、菊花、鸢尾花、紫萼、玉簪、书带草、虎耳草等，木本有牡丹、杜鹃、石榴、丁香、梅花、海棠、山茶、天竺、腊梅、绣球、紫薇、迎春、木香等，通常根据花期合理搭配，构成春夏秋冬四时景色。

陈扶摇在《花镜》中形象地描写了园林花木随着季相时序之变化，呈现出的美丽色彩：

三春乐事："梅呈人艳，柳破金芽。海棠红媚，兰瑞芳夸。梨梢月浸，桃浪风斜。……"

夏天为避炎之乐土："榴花烘天，葵心倾日，荷盖摇风，杨花舞雪，乔木郁蓊，群葩敛实。篁清三径之凉，槐荫两阶之粲……"

清秋佳景："金风播爽，云中桂子，月下梧桐，篱边丛菊，沼上芙蓉，霞升枫柏，雪泛荻芦。晚花尚留冻蝶，短砌犹噪寒蝉……"

寒冬之景："枇杷垒玉，蜡瓣舒香，茶苞含五色之葩，月季逞四时之丽……且喜窗外松筠，怡情适志。"

五行八卦思想渗透到中国人生活领域的方方面面，植物随着季节而荣枯盛衰，古人从中发现了植物能与五行相配，并服从五行规律，并能与人的五行相对应，达到养生疗病健体的效果。所谓属木益肝宜东位，属火置南健身心，属土养胃中央放，白花放西性属金，属金植物能疗肺，吸烟之人肺常新，属水摆北生势旺，花蓝叶黑能补肾。体现在园林植物的配置上，比较注重"五行"与四季方位的融合【图 4-2】，经典的园林中如今还约略可见。

如以有"境界"著称的网师园中部环池区的建筑和植物配置，可静赏朝夕晨昏的变化，流连

图 4-2 网师园池南北西五行配植

春夏秋冬四季景物：

池东五行属木，春的象征，植物配合富有春意的建筑：迎春花低枝拂水，虬曲的枝头红梅俏，紫藤爬满了狮形假山，木香攀援于粉墙，春色一片烂漫；池南，五行属火，夏的象征，濯缨水阁用石梁柱架空，水周堂下，轻巧若浮，为夏日观戏纳凉之处；池西，五行属金，象征秋天，有"月到风来亭"，赏秋月；池北，五行属水，则为冬天的象征，主植白皮松、柏树。看松读画轩隐于后，轩前松柏若虬，高十余米，为全园最高物，树龄都有八百多年的古松、古柏，冬日雪后是一幅雪松图；看松读画轩旁修廊一曲与竹外一枝轩接连，取苏轼《和秦太虚梅花》："江头千树春欲暗，竹外一枝斜更好"，梅花是春的信使，此轩东头紧挨着射鸭廊，小巧空灵，从池南望去，宛似船舫，盘曲的冬梅正在射鸭廊前，月白风清之夜，即得暗香浮动、篱落横枝的画意。轩址的位置，恰似冬到春的一个过渡。

留园东部曲溪，春日曲水流觞的象征，紫藤满架；西部闻木樨香轩，桂花香动万山秋，数十枝桂树摇曳；南部的涵碧山房，夏日荷花映日；北部原多植松柏。

植物属性有阴阳。喜阳的植物，如：白兰、玫瑰、茉莉、梅花、牡丹、芍药、杜鹃、菊花等，须得一千八百个勒克斯光照度，才能正常发育；属于阴性的植物如文竹、龟背竹、万年青、绿萝、蓬莱松、巴西铁等，在一百个勒克斯光照度条件下，亦能正常生长。

园林植物的阴阳，还兼有文化上的意义。如苏州耦园主人沈秉成笃信道教，他以阴阳八卦来布局园林的建筑，植物配置上也讲究此道。东园的城曲草堂南的长廊，廊东八卦中属于震卦，长男，属阳，植阳性植物竹，命名为“筠廊”；西，八卦属兑卦，少女，属阴性，植桂花，阴性植物，命名为“樨廊”【图 4–3】，成为这一思想的物化载体。

三 绿槐垂学市

晚明思想家李贽强调“绝假纯真”的“童心”，认为人们“好货”，“好色”，“勤学”，“进取”，“多积金宝”，“多买田宅为子孙谋，博求风水为儿孙福荫，凡世间一切治生、产生等事，皆其所共好而共习、共知而共言者，是真迩言也”。表现在对植物的好恶取舍上，讲究吉祥如意、追求

图 4-3 耦园樨廊

福禄寿喜财等共性。

根据花木的生态习性、色彩、同音或谐音等，人们往往赋予花木以特定的象征意义：

忍冬，又叫“金银花”，花为金黄色和白色；

枇杷，色黄如金，有“摘尽枇杷一树金”之说；

紫荆树叶子呈“心”形，有同心、团结意等；

枫杨因种子呈元宝状，以喻富贵；

榆钱似一串串铜钱，以喻财富，又榆钱饥荒时能食，号“活命树”；

海棠、棠棣之花比喻兄弟和睦；

葫芦，有救生、多子、丰饶、福禄（葫芦的谐音）等多重含义；

民俗有“门前栽棵槐，有福慢慢来”之说，槐花、槐米、槐角均可入药，枝叶也有清热解毒的功效。槐更是一种文化标志，有“门前一棵槐，不是招宝，就是进财”的谚语，我国古代盛传的《地理新书》上说：中门种槐，三世昌盛。槐具公卿之相。槐花、槐木都呈黄色，种子圆形，均有高贵之象。《周礼·秋官·朝士》：“朝士掌建邦外朝之法，面三槐，三公位焉。”早在我国周朝时期，朝廷在外朝种槐树三棵和棘树九枝，公卿大夫分坐其下，左九棘，为公卿大夫之位，右九棘，为公侯伯子男之位；面三槐为三公之位，三公即太正大臣、左大臣和右大臣。后因以槐棘指三公或三公之位，由此称三公为三槐，称三公家为槐门，“三槐九棘”乃指高官厚禄之家。所以，槐树，成为旌表门第的标志。

槐树既为三公之相，也就成为三公吉兆。“郁郁三槐，惟德之符”。通过科举入仕，位列三公，实现自己的社会价值，这是古代读书人的最高理想，因此，槐与文人学士的关系就十分密切了。古代常以槐指代科举考试，如考试之年称槐秋，

图 4-4 清国子监古槐

举子赴考称踏槐，考试之月称槐黄。

宋代学士院第三厅学士阁子，当前有一巨槐，素号槐厅，旧传居此阁子者，至多入相。清国子监有“博士厅”，厅前有古“复苏槐”【图 4-4】。

南柯一梦的主人翁淳于棼，也是在古槐树下饮酒，醉后梦入古槐穴，成了大槐安国的驸马，任南柯太守三十年，享尽荣华富贵。醒后在槐下见一大蚁穴，南枝又有一小蚁穴，即梦中的槐安国和南柯郡。这就是颇耐人寻味的“幻境槐安梦”。明代时拙政园有槐幄和槐雨亭，有高槐覆墙，文徵明有“老来不作南柯梦，独自移床卧晚凉”的诗句，寄慨遥深。

富有天下的帝王宫苑更在意取吉，如颐和园乐寿堂庭院内植有寓意“玉堂富贵”的玉兰、海棠、牡丹等。据说，海棠中尤重视西府海棠，摄政王府（后部分为宋庆龄故居）内有两株树龄近三百年的西府海棠，这是北京城里仅存的六株古西府海棠中的两株。

狮子林燕誉堂南白墙上虽然没有题额，但在用湖石参差砌筑的一花台上，植有象征富贵的牡丹、满堂春色的海棠和象征优秀子孙的芝兰玉树的玉兰，还有一丛南天竹，组成了吉祥画面，还可取四种植物的谐音成“祝玉堂富贵”颂祷语。

苏州宅园一般在大厅南庭院植两株玉兰，后庭院植两棵金桂，合“金玉满堂”之意。也有在门前植金桂与玉兰。“金桂”北方亦指连翘。

南京瞻园沿廊折东为玉兰院，三株玉兰、南天竺及小湖石，犹如国画小品。折西为海棠院，以垂丝、西府、贴梗、木瓜等四品海棠最为名贵，东西小院组成“玉堂”；“致爽”轩东北角为桂花院，植有三株金桂，花时繁葩密缀，堆金簇银；园内有牡丹台，有古“绛纱笼玉”牡丹一株，花时群芳簇艳，“一自青溪拥绛纱，年年冷处受繁华”。金桂、玉兰、牡丹、海棠，组成金玉满堂、满堂富贵等吉祥含义。

住宅前后所植树木，有“前榉后朴”的习惯，“榉”与“举”谐音，“榉”，即中举，荣华富贵，“朴”即仆人，后（旁）朴（仆人），有仆人伺候。

紫藤树，有攀附向上之势，还有“紫气东来”的寓意，庭院中常见。苏州拙政园有文徵明手植古藤【图 4–5】，就种在住宅庭院内。

桂花又有月中桂之称，中国科举文化将“蟾中折桂”比喻为中举，所以园林往往在书房周围种桂花。

石榴，美好的形姿和独特的果味，使它集

图 4–5 文徵明手植古藤

圣果、忘忧、繁荣、多子和爱情等吉祥意义于一身。石榴是爱情的信物，恋人之间赠送石榴，象征忠贞不渝。在古希腊罗马的神话中，小爱神丘比特常常一手持弓箭，一手拿石榴，石榴象征着爱情的天长地久。《圣经》里那棵长在伊甸园中的长生树，罗马人就认为是石榴树。

中国神话中说桃树是追日的夸父的手杖化成的。《山海经》载："夸父与日逐走，入日，渴欲得饮，饮于河渭，河渭不足，北饮大泽，未至，道渴而死，弃其杖，化为邓林（邓林即桃林）。"《春秋运斗枢》说："玉衡星散为桃"。桃是神杖变的也好，是北斗星变的也好，总之都带有神异。《太平御览》引《典术》上说："桃者，五木之精也，故厌伏邪气者也。桃之精生在鬼门，制百鬼，故今作桃人梗着门，以厌邪气。"桃制百鬼，鬼畏桃木。古人多用桃木制作种种厌胜避邪用品。如：桃印、桃符、桃剑、桃人等。五代后蜀时开始在桃木板上书写春联。端午节，门上插桃枝，亦是桃可避邪气的习俗观念。桃果有"仙桃""寿桃"之美称。源自神话西王母瑶池所植的蟠桃，三千年开花，三千年结果，吃了可增寿六百岁的传说。《神农经》："玉桃服之长生不死。若不得早服之，临死服之，其尸毕天地不朽。"寿桃之桃，为西王母的蟠桃，传说西王母瑶池所种蟠桃为桃中之最。相传汉武帝曾得西王母赠此蟠桃四只，东方朔曾三次偷食此桃，东方朔亦成寿星。

古木交柯连理是吉祥之兆，古代往往当成重要情况上报皇帝，写入史册，故宫御花园里有很多连理树。

私家园林大多为宅园，住宅内外植物也有忌讳，河南开封一带流传一种“宅忌”民谣：“前不栽桑，后不栽柳，门前不栽鬼拍手。”晋干宝的《搜神记》：家中只有父女二人，父远征，女穷居幽处，思念其父，乃戏马曰：“尔能为我迎得父还，吾将嫁汝。”父杀马后，暴皮于庭，女以足蹙之曰：“汝是畜生，而欲取人为妇耶！招此屠剥，如何自苦！”皮忽卷女而去，栖于树，女化为蚕。因名其树曰桑。桑者，丧也。柳树轻浮袅娜，忌讳植在正房堂后，午夜风吹杨树迎风作响，似鬼拍手，景象萧森，故门前不栽。也有禁忌在院内种植楝树，以为楝子为苦豆，兆主人食苦果。

俗传魑魅魍魉最喜食死者脑子，又最惧柏树。古人则在墓前植柏树，而忌讳门前植桧柏、龙柏。东晋张湛撰有《列子注》等，喜欢在斋前亲手种植松柏，当时的人们就说张湛“屋下陈尸”。

门庭种樱花树也在忌讳之列。因为樱花树的生命周期很短，一般只有二三十年；樱花最美的时候并非是盛开的时候，而是凋谢的时候，樱花花期只有七天，一夜之间满山的樱花会全部凋谢，没有一朵花留恋枝头，它的美是让人心碎的凄凉之美，人们总是把它与人生苦短、时事无常、后嗣不继联系起来。连“花要樱花，人要武士”的日本，也认为樱花种植在门前庭园对后嗣不利。

民俗的忌讳原因很多，大多出于求吉心理，属于环境心理，未必有多少科学成分。

第二节　花品诗境

花有“品格”，如松、竹、梅为岁寒三友，梅、兰、竹、菊为四君子；诗具“意境”，花品与诗境结合，就成为园林植物景境营构的审美原则。

清代张潮在《幽梦影》中称：“梅令人高，兰令人幽，菊令人野，莲令人淡，春海棠令人艳，牡丹令人豪，蕉与竹令人韵，秋海棠令人媚，松令人逸，桐令人清，柳令人感。”康熙在《御制避暑山庄记》中也说：“玩芝兰则爱德行，睹松竹则思贞操，临清流则贵廉洁，览蔓草则贱贪秽。此亦古人因物而比兴，不可不知。”

历代诗人笔下的植物，蕴蓄着诗人强烈的情感。如《诗经》中的各种花木是比兴的对象，如荇菜、蘩、萍、水芹、莼菜等洁净柔软的水草，有旺盛的生命力，成为女子用以祭祀宗庙的圣洁之草；竹苞松茂，成为家族和睦昌盛的象征，诸如此类，这类诗歌，成为营构园林“诗境”的文学依据。

明代陆绍珩在《醉古堂剑扫》卷七中说：“栽花种竹全凭诗格取裁。”中国古典园林中以植物命名的景点很多，仅苏州老城区的拙政园、沧浪亭、网师园、狮子林、怡园、留园、艺圃、耦园八个园林以植物命名的景点约占总数的四分之一。

以植物命名的景点，大多从历史上积淀的审美经验中，借鉴古典诗文的优美意境，创造浓浓的诗意，令人玩味无穷。

由于花木所蕴含的丰富的文化内涵，是人们寄寓丰富文化信息的载体，托物言志时使用频率很高的媒介。陶渊明爱菊、林和靖爱梅、郑思肖画无根之兰【图 4-6】，都是通过人文植物将自己的人格理想、情节操守等文化信息透露出来。

拙政园的“柳荫路曲”，司空图《二十四诗品·纤秾》：“碧桃满树，风日水滨；柳荫路曲，流莺比邻”，意境油然而生。

图 4-6 关渡宫郑思肖画兰

一　松涛竹韵

唐代李白诗云："为草当作兰，为木当作松。兰幽香风远，松寒不改容。"以松喻刚直不阿。松柏，耐寒、常青，喻抗击环境变化、保持本真、坚强不屈的品格。《礼记·礼器》："其在人也……如松柏之有心也……故贯四时不改柯易叶。"孔子有"岁寒，然后知松柏之后凋也"的著名格言，《庄子》言："天寒既至，霜雪既降，吾是以知松柏之茂也"，松柏作为正义神圣的象征，成为历代诗人笔下永恒的审美意象。中国园林借助这些意象，寄寓了丰富的情感，便会产生"心中之又一境界"，即意境。

苏州有园名"古松"，为清末木渎富翁蔡少渔所建。前宅后园格局，后园有一株明代罗汉松，苍翠虬劲，姿态优美，高逾十米，据《吴县志》记载，此树已有五百多年树龄，从外观来看，依然是那样蓊蓊郁郁，葱翠苍劲，全无半点龙钟老态，古松园即因此松得名，大厅名古松堂。环树而走的是一条斗折幽曲的双层长廊，置身廊内，既可近览古松翠色，又可远眺灵岩山景，令人顿生尘外之想。

古猗园内辟有园中园"松鹤园"，园内，松柏葱茏，迎春紫藤送青，白鹤悠悠，地上松鹤铺地，一派松鹤长寿的祥和气象。

拙政园"得真亭"，取《荀子》"桃李蒨粲于一时，时至而后杀，至于松柏，经隆冬而不凋，蒙霜雪而不变，可谓得其真矣”的傲岸品格。

《南史·隐逸传下·陶弘景》：“特爱松风，庭院皆植松，每闻其响，欣然为乐。”于是松风传雅韵，拙政园“听松风处”、怡园“松籁阁”、承德山庄的“万壑松风”，都可体味“疏松漱寒泉，山风满清厅”的意境。圆明园“溪月松风”，有杜甫《玉华宫》“溪回松风长”的意境；颐和园“松堂”下，古松层层叠叠，荫翳蔽日，轻风吹过，摇荡云光山色，“他夜松堂宿，论诗更入微”，“醉后松堂卧，涛声落枕间”。

承德山庄榛子峪的“松鹤清樾”寓意为“松鹤延年”，乾隆《松鹤清樾诗序》曰：“进榛子峪，香草遍地，异花缀崖。夹岭虬松苍蔚，鸣鹤飞翔。登蓬瀛，临昆圃，神怡心旷。洵仙人所都不老之庭也。”乾隆诗曰：“寿比青松愿，千龄叶不凋。铜龙鹤发健，喜动四时调。”

竹为园林必不可少的人文植物，是“儒释道三教”共赏之物：

儒家美其“高节人相重，虚心世所知”；沧浪亭五百名贤祠南一片竹林，象征名贤的高风，“景行唯贤”“高山仰止”，与“仰止亭”相呼应，是很成功的植物景境。

出身天师道世家的王羲之兰亭流觞，周围必有“茂林修竹”；其子王徽之（字子猷）称“不可一日无此君”，竹子被文人定格为“君子”。用带竹节的竹片做的对联称“君子对”。王世贞在自己园中筑亭，前后左右皆列美竹，名之曰“此君”，说是“取吾家子猷语也”。

佛教因竹心之“空无”，为悟禅之象征，故禅门有：“青青翠竹皆是法身，郁郁黄花无非般若”之语。释迦牟尼的“竹林精舍”、王维悟禅的“竹里馆”、沧浪亭看山楼下、狮子林修竹阁边、留园贮云庵周，皆由青青翠竹组成禅意空间。

以竹立意的园林有上海南翔“古猗园”，取《诗经》“绿竹猗猗”为文学依据，园内有荷风竹露亭【图 4-7】、浮筠阁，阁后是竹枝山，真的

图 4-7 古猗园荷风竹露亭

是绿竹猗猗。

扬州个园也因“主人性爱竹，盖以竹本固，君子见其本，则思树德之先沃其根；竹心虚，君子观其心，则思应用之势务宏其量；至夫体直而节贞，则立身砥行之攸系者实大且远，岂独冬青夏彩、玉润碧鲜，著斯州筱荡之美云尔哉！主人爱称曰‘个园’”。

特别是私家园林以竹子为主景者俯拾皆是。

吴门画派先驱刘珏的小洞庭十景之一的“卧竹轩”，构轩于丛竹中，号以卧竹，用杜甫“共醉终同卧竹根”诗也，瓦盆盛酒与银壶玉杯盛酒同一醉，贫贱富贵可以一视也。韩雍《小洞庭十景》诗前小序曰：“酒阑宾散，时醉卧林下，则知少陵之诗不我欺也。”明时拙政园中湘筠坞、竹涧和倚玉轩，都以竹为主景，倚玉轩【图4-8】

图4-8 文徵明《倚玉轩》

有“倚楹碧玉万竿长”“春风触目总琳琅”的意境。

苏州怡园玉延亭、四时潇洒亭、留客处等也是以竹立意：玉延亭额上有行书跋文说：“主人友竹不俗，竹庇主人不孤。万竿戛玉，一笠延秋，洒然清风。不学涪翁（宋黄庭坚）咒笋已。壬午孟夏萧山汤纪尚谨署。”主人以竹为友，清高不俗，竹子伴着主人也不感到孤单。风吹竹林，声音清脆悦耳，一顶笠帽招来爽气，清凉的风洒然而至。这里要注意的是，“玉延”是明代吴宽园中旧名，原意是“山药”，而且亭周种满山药，此跋文袭其名而以“万竿戛玉，一笠延秋”做了创造性误读。留客处是三楹小楼，东邻竹径，翠筠浮浮。唐诗所称“竹深留客处”，宋代苏轼《绿筠亭》诗也称：“爱竹能延客，求诗剩挂墙。”

四时潇洒亭取《宣和画谱》云：“宋宗室令庇，善画墨竹，凡落笔，潇洒可爱。”亭前一片竹林，四季青翠。潇洒，指竹子姿致清雅，风摇碎玉，潇洒可爱。意谓此亭四季均可观赏清高脱俗的竹子。

二　暗香疏影

梅花有“花魁”之誉，花姿秀雅，风韵迷人，品格高尚，节操凝重。凌寒独自开，傲霜斗雪，“零落成泥碾作尘，只有香如故”！林和靖爱其神姿风韵：“疏影横斜水清浅，暗香浮动月黄昏。”

图 4–9 南宋赵孟坚《岁寒三友图》
台北故宫博物院藏

梅品即人品，梅花精神是中华民族性格的象征，它与兰菊竹称“四君子”，与松竹为“岁寒三友”【图 4–9】。

梅花率万木之先开花于冬末，“一树独先天下春”，是春的信使。古有寄梅送春的典故，南朝宋盛弘之《荆州记》载：“陆凯与范晔相善，自江南寄梅花一枝，诣长安与晔，赠花诗曰：‘折花使逢驿使，寄与陇头人。江南无所有，聊赠一枝春。’”“一枝春”成为梅花的别名。

梅花，“铁杆虬枝绣古苔，群芳谱里百花魁”，兼具松柏之质与兰竺之姿，朱熹作赋曰：“既竺兰蕙而易株兮，复异乎松柏之不华！”

明时苏州拙政园有“瑶圃”，植江梅百本，花时灿若瑶华，绰约仙肌若冰雪，文徵明诗曰：

“当年挥手谢京国，手握寒英香沁骨。万里归来抱雪霜，岁寒心事存贞白。”

上海南翔古猗园园东有梅花厅，其建筑和厅外花街都采用梅花图案，四周种满了梅花。

宋代刘翰《种梅》诗云：“惆怅后庭风味薄，自锄明月种梅花”；元代萨都刺诗曰：“今日归来如昨梦，自锄明月种梅花。”为怡园“锄月轩”（又名“梅花厅事”）所本，轩额即用“自锄明月种梅花”。两诗均渊源于陶潜的“带月荷锄归”，讲隐逸生涯的。戴叔伦《咏南野》“披云朝出耕，带月夜归读”，言耕读况味。

1927年，国民政府曾经把梅花定为国花。张大千思乡念国，痛恨忘国背祖的“台独”，愤然写下了“百本栽梅亦自嗟，看花坠泪倍思家。眼中多少顽无耻，不认梅花是国花”的诗句！

梅花开为五瓣，象征“五福”，自古就为吉祥花。

狮子林暗香疏影楼、虎丘的冷香阁、沧浪亭的数点梅花天地心，都以梅花立意。

苏州光福镇西南的马架山，自古白梅似海，清康熙三十五年（1696），江苏巡抚宋荦至此，见“遥看一片白，雪海波千倾”，取名“香雪海”。风流皇帝乾隆六次驾临，至今香雪海的“闻梅馆”内一对盘龙抱柱仍有乾隆御题的“疏影横斜水清浅，暗香浮动月黄昏”柱联。最富盛名的是出于吴中名匠姚承祖之手的梅花亭，整座亭为五瓣梅花形，梅花瓦顶、梅花藻井、梅花柱、梅花栏、梅花砖地面均为五瓣梅花瓣状，俯瞰着香雪般的梅浪，亭顶兀立着一只青铜仙鹤，有机关能随风旋转，令人油然想起了梅妻鹤子的林和靖的风采，令人称绝！

三　香远益清

荷花，被称为佛花，象征佛教教义的纯洁；更多的是取义宋代周敦颐《爱莲说》：

> 水陆草木之花，可爱者甚蕃。晋陶渊明独爱菊。自李唐来，世人甚爱牡丹。予独爱莲之出淤泥而不染，濯清涟而不妖，中通外直，不蔓不枝，香远益清，亭亭净植，可远观而不可亵玩焉。
>
> 予谓菊，花之隐逸者也；牡丹，花之富贵者也；莲，花之君子者也。噫！菊之爱，陶后鲜有闻。莲之爱，同予者何人？牡丹之爱，宜乎众矣！

周敦颐（1017–1073），字茂叔，号濂溪，宋代思想家、理学家。因筑室庐山莲花峰下，前有溪，合于湓江，取营道故居濂溪以名之，遂定居于此，他“政事精绝”，宦业“过人”，尤有“山林之志”，胸怀洒脱，有仙风道骨。酷爱雅丽端

图 4-10 忠王府《周敦颐爱莲》

庄、清幽玉洁的莲花，知南康军时，在府署东侧挖池种莲，名为爱莲池，池宽十余丈，中间有一石台，台上有六角亭，两侧有“之”字桥。他盛夏常漫步池畔，欣赏着随风飘逸的莲花，口诵《爱莲说》【图 4-10】。周敦颐赞美莲花的清香、洁净、亭立的特性与飘逸、脱俗的神采，因理学本来就是儒释道三教的“化合物”，莲本为佛花，具有“一香、二净、三柔软、四可爱”的“四德”，而周敦颐的题莲诗也说：“佛爱我亦爱，清香蝶不偷。一般清意味，不上美人头。”故荷花虽被定格在“君子”的位子，“香远益清”成为它的品格特征，但《爱莲说》确实也展露了作者思想深层的佛学因缘。以荷花立意的景点很多，康熙钦点的避暑山庄三十六景中就有“曲水荷香”“香远益清”“金莲映日”三景；圆明园四十景中有“濂溪乐处”“曲院风荷”两景。拙政园中部主厅远香堂因此得名。

同一植物，在不同的环境中因时因地，形成了不同的氛围，造成特定的意境，使游者情景交融，引发审美联想，领悟其妙境。在夏日，则荷风扑面，香远益清（拙政园“远香堂”），感发诗兴，“冷香飞上诗句”（避暑山庄“冷香亭”）；秋日，尚可领略“留得枯荷听雨声”的意境（拙政园“留听阁”）；细雨如丝时，“枕上雨声如许寄，残荷丛竹更催诗”，为园居生活提供丰富多彩的审美对象。

退思园山水园有“水香榭”和“闹红一舸”，均以宋代姜夔《闹红一舸》词境为主题，词境和景境相互生发、辉映，给人清新骚雅的美感。

四　闻木樨香

有些植物含有特殊文化意蕴，如竹子的“空、无”为佛教教义的象征，故寺庙及礼佛建筑旁少不了竹影婆娑。桂花之香也曾是禅宗顿悟的媒介，故成为园林构景悟禅道的不厌主题。如留园的“闻木樨香轩”、网师园的“小山丛桂轩”、秋霞圃的丛桂轩等园林意境，取自禅宗公案故事，但却渊源于孔子的故事：

据《论语·述而》篇记载，孔子诸弟子觉得孔子智广道深，所论高深不可及，便以为孔子有神方秘诀对学生有所隐瞒，于是孔子对学生说：“你们这些学生以为我有所隐瞒吗？我没有什么隐瞒的，我没有什么事情不对你们公开的，这就是我的为人！”这就是园林“无隐山房”的深义。

从孔子的“无隐”演化为禅宗的悟道，则取自北宋“苏门四学士”之一的黄庭坚。黄庭坚，字鲁直，号山谷道人，曾经想详解“吾无隐乎尔”的深刻意义，但却再三不得其要旨。于是向黄堂寺的晦堂禅师请教，晦堂为临济宗黄龙派的开山祖黄龙慧南的弟子，晦堂禅师没有正面回答他的问题。那时正夏末秋初，桂花香动万山秋。晦堂禅师启发黄庭坚道：“闻木樨香乎？”桂花又称木樨花，黄庭坚回答：“闻到了！”于是，晦堂禅师说：“吾无隐乎尔！”黄庭坚恍然大悟，原来禅宗之“道”与桂花之“香”一样，到处飘溢，只是看不见、摸不着，但能闻到、感受到！晦堂禅师见他开窍了，于是收黄庭坚为弟子。

自晦堂禅师将木樨的香味作为黄庭坚悟禅的契机以后，“木樨香”就成为三教教门中常用的悟道典故。

第三节 移竹当窗

坐观有画意，这是园林植物选种和配置的原则。植物与其他园林元素之间的艺术组合、植物本身的形姿等等构成一幅幅涵义隽永的画面，成为园林“画境”。

“移竹当窗”成就的也是李渔所说的“尺幅窗”“无心画”，就植物论，是花卉画，如有小鸟飞落花枝，则无疑一幅“花鸟画”。这主要适合粉墙黛瓦的江南园林。

私家园林着意于文人画境，所谓文人画，用画家陈衡恪的解释就是具有“人品、学问、才情和思想”之四要素，“不在画里考究艺术上功夫，必须在画外看出许多文人之感想”，以别于民间画工和宫廷画院职业画家的绘画。

“文人画”标举“士气”“逸品”，崇尚品藻，讲求笔墨情趣，脱略形似，强调神韵，追求诗、书、画、印“四绝”。文人画大量取材于山水、花鸟、梅兰竹菊和木石等，成为园林植物构景的蓝本，对植物取材构景的品评也多用画境为标准。植物配置与国画的原理和技法相符。

一 花木为绘

“计白当黑”，空、白是为了“多”，为了“够”，为了满足，空白能给人以无尽深远悠长的感受，此时无声胜有声。

园林中广泛采用的“留虚”手段，使得人们目光所到之处就是一幅岁寒三友图、花木小品画，或“马一角”“夏半边”，美不胜收。

清代李渔钟情的“尺幅窗”和“无心画”，以替代屏条、立轴。“窗虚蕉影玲珑”【图 4-11】、“移竹当窗”，使窗前、门外都有花木成景，“同一物也，同一事也，此窗未设以前，仅作事物观；一有此窗，则不烦指点，人人俱作画图观矣”！如网师园殿春簃窗后小天井内，略置叠石，并植有芭蕉、慈孝竹和腊梅、天竺，北面三窗，红木镶边的长方形窗框构成框景，构成“蕉窗”“竹窗”和东坡的竹、梅、丑石“三益友”窗，“窗非窗也，画也；山非屋后之山，即画上之山也”，成为一幅幅优美雅致的国画小品。

江南园林建筑都是粉墙黛瓦，白色墙体即如绘画之“留虚”、画纸，可以就此绘出丰富多彩的立体图。

计成《园冶·峭壁山》谓：峭壁山者，靠壁理也。借以粉壁为纸，以石为绘也。理者相石皴纹，仿古人笔意，植黄山松柏、古梅、美竹，收

图 4-11 网师园蕉窗

之圆窗，宛然镜游也。

如网师园琴室之峭壁山，贴在斑驳的粉墙上，俨然佳山；山周数竿紫竹，摇曳生姿，山石缝隙中点缀着书带草，俨如竹石图。

网师园园中池东靠住宅一面是一壁高高的白粉墙，墙下池边叠置狮形假山，爬着紫藤、薜荔等藤类植物，从“月到风来亭”往东看，活生生一幅生机盎然的山石图。

在白粉墙下点缀湖石及人文色彩浓郁的花木，墙上镶嵌字额点题，组成主题花木图，如留园入口曲折过廊的南粉墙上嵌有“古木交柯”石匾，墙下原有古柏和冬青交柯连理，依墙筑花坛一个，成为一幅极妙的古木交柯写意画！

依托白墙组成各色单纯花木图更多：

留园华步小筑庭院，是正对着绿荫的窄窄的小过道，南院粉墙下，点缀着石笋、南天竹、书带草，一枝老藤沿墙蟠曲而上，晚清朴学大师“花步小筑”四字题额和跋语，恰似国画上的题识和一枚印章！

拙政园海棠春坞庭院，于南面院墙嵌以山石，植慈孝竹，书卷形的“海棠春坞”题款，宛然立体画。

墙角一丛修竹、一株梅花、几根错落石笋，俨然一幅小品画。

假山石缝中、石峰基部、墙脚边、阶下、树

根四周、庭院角隅、溪边斜坡，只要书带草一点缀，层次顿增，且画意横添。假山堆叠的疵病处的书带草，又如山水画中点苔。

园林沿墙所植花木一般不是紧贴墙根，而要离开一段距离，使墙面可以更好地接受朝晖晚霞的光影，届时由阴面白色粉墙衬托出来的花影如绘，别是一番光景。

拙政园“十八曼陀罗花馆”南面天井中，靠南白粉墙种有十八株山茶花，花有粉红、深红、白色，花期很绚烂。还配置两株白皮松，东角有假山一座，不仅构成一横幅由松、山茶、假山组成的实物的立体画面，而且墙面朝阳夕晖穿过花枝树丛，映射在墙面，斑驳陆离的水墨画更夺人眼球。

植物的垂直绿化也能以白墙为纸、花木为绘，组成一幅立体的花卉画。

二　立体画境

园林多为文人画家构思，乃立体的画、凝固的诗。以画意构景、参名画成景，是中国古典园林取裁花木的传统艺术手段。

或取名画意境，如明代刘珏小洞庭十景之一的“蕉雪坡”，因“唐王摩诘尝画袁安卧雪图，有雪中芭蕉，盖其人物潇洒，意到便成，不拘小节也，珏亦尝有志绘事，故名其坡”。唐代诗人王维，号“诗佛”，曾画《袁安卧雪图》，图中有“雪里芭蕉”，将佛理寄寓在画中，有禅家超远洒落之趣。雪山乃佛祖释迦牟尼出家后苦修之地，袁安卧雪，描绘的是“山中高士晶莹雪”的佛国清凉境界。反映的是《涅槃经》“是身不坚，犹如芦苇、伊兰、水沫、芭蕉之树”“譬如芭蕉，生实则枯，一切众生身亦如是”的思想。正以易坏不坚之芭蕉比喻人之肉身，长于雪地，乃得长住不坏，以示勤修精进之人。诠释了苏东坡所谓：“细味摩诘之诗，诗中有画，细观其画，画中有诗。”“蕉雪坡”亦为立体的画，且画中有诗的景境。

或径以名画为景，化二度空间的画面为三度空间的实景。如避暑山庄三十六景之“万壑松风”，借鉴五代南唐画家巨然的《万壑松风图》【图 4-12】而成。此图绘江南烟岚松涛，矶头重叠；深谷里清泉奔涌，溪畔浓荫森森；沿着曲折的山脊，是一片片浓密的松林，“丰”字形的松树随风摇曳，似乎能使观者感受到阵阵湿润的凉风扑面而来；沟壑里聚起团团云雾，缓缓地向上升腾；山瀑下置一水磨坊，溪上架一木桥，在这世外桃源里留下人间烟火。

康熙在避暑山庄“万壑松风”定景诗序中曰：“在无暑清凉之南，据高埠，临深流，长松环翠，壑虚风渡，如笙镛迭奏声，不数西湖万松岭也。”又诗曰：“偃盖龙鳞万壑青，逶迤芳甸杂云汀。白华朱萼勉人事，爱敬南陔乐正经。”这里，《南陔》《白华》都是《诗·小雅》篇名，六笙诗

图 4-12 五代巨然《万壑松风图》
上海博物馆藏

之一，有目无词，是燕飨之乐。康熙用以形容笙镛迭奏之声。

“万壑松风”，南依松壑斋，北濒下湖，主殿万壑松风坐南朝北，是山庄内唯一一座打破坐北朝南体制的正殿，面阔五间，据岗临湖，经松林绿荫下假山石蹬通向湖边。正殿左右和南部，活泼交错地布置着门殿、静佳室、鉴始斋、蓬莨咸映、颐和书屋等小型建筑，空间层次十分丰富，用半封闭回廊连通环抱，不设主轴线，万壑松风殿、鉴始斋、静佳室、颐和书屋、蓬阆咸映等各殿堂参差错落，“长松数百，掩映周回”，松涛阵阵，犹如杭州西湖万松岭，“云卷千峰色；泉和万籁吟”（万壑松风正殿楹联），形成一个极其寂静安谧的小环境。

三　古木画姿

园林植物以古、奇、雅、色、香、姿为上选，特别是形态古拙、奇特的古木，令园林画意横生。因此，园林重视老树，即使枯枝老根，亦甚宝贵，因其时代久远，饱经风霜，苍古的枝干和树形、天然虬曲的紫藤等藤类植物本身就是一幅画！如邓尉庙汉柏、北海古柯庭唐槐、网师园宋柏、拙政园明文徵明手植紫藤、天坛九龙柏等。

苏州邓尉庙里的四株汉柏，相传为东汉大司徒邓禹手植，历劫磨难，仍势极蟠曲，风姿各异，乾隆皇帝南巡至此，大为叹服，题为“清、奇、古、怪”，清代孙原湘有《司徒庙古柏》诗：“一株卧地龙垂胡，翠叶却在苍苔铺”，周身皱纹盘旋而上，如百索绕躯，古朴庄重，粗犷憨厚，其冠遭雷击断，落地生根，复为两株，枝繁叶茂，生机盎然，为古者。

“其一横裂纹萦行，瘦蛟势欲腾天冲”，被雷一劈为二，一株卧地三曲，形如强弓，一株伏地昂首状若蛟龙，为怪者。状如一幅幅立体的画。

“一空其腹如剖瓠，生气欲尽神不枯”，主干折裂，一空其腹，但顽强不屈，为奇者。

“一株参天鹤立孤，倔强不用旁株扶”，干体挺拔，群枝四垂，碧郁苍翠，为清者。

北海古柯庭，以陶渊明《归去来兮辞》中“引壶觞以自酌，眄庭柯以怡颜”立意，庭内有北京城区的“古槐之最”的“唐槐”屹立在院西南角的假山上，绿冠达 15 米，树干周长达 5.3 米，为唐代种植，至今已有 1300 余年了。上部的原树冠早已枯死，而南侧的一个大枝又形成了新的巨冠。乾隆题有两首《御制古槐诗》，其中云：“庭宇老槐下，因之名古柯。若寻嘉树传，当赋角弓歌。”

天坛九龙柏是北京市区最古老的一棵柏树，生长于建坛之前，已有近千年历史，树干扭结纠屈，宛如九条盘旋而上的蟠龙，号称奇观。

宋代开始，人们品赏梅花，有“横斜、疏瘦、老枝怪奇”的“三贵”之说，实际上是用品画的标准来品梅花，以有无画意为取裁标准。范成大《梅谱后序》云：“梅以韵胜，以格高，故以斜横疏瘦老枝怪奇者为贵。”龚自珍《病梅馆记》言：“梅以曲为美，直则无姿；以欹为美，正则无景；以疏为美，密则无态。”植梅讲究横、斜、倚、曲、古、雅、苍、疏。

网师园有“竹外一枝轩”，取苏轼《和秦太虚梅花》诗中“江头千树春欲暗，竹外一枝斜更好”句意，轩前松梅盘曲，低枝拂水，颇得梅花幽独娴静之态和欹曲之美，尤其是在月白风清之夜，更获暗香浮动、篱落横枝的画意。

园林组景中对植物的配置遵循山水画论的构图落幅原则：山巅植大树虚其根部，得倪瓒飘逸画意，山巅山麓树木皆出丛竹或灌木之上，山石并攀以藤萝，望去有深郁之感，得沈周沉郁之风。

树姿耸立而凌云的高树，或培养成“欹斜探水”状的悬崖式。如网师园、怡园的白皮松，弯曲的树干斜临水面，呈探水式；树木往往种在山腰石隙之中，参差蟠根镶嵌于石缝，宋代韩拙在《山水纯全集》中说：“林麓者，山脚下有林木也”；“林峦者，山岩上有林木也”。如环秀山庄假山上倒挂于湖石峭壁之上，弯曲的树干斜临池面，呈悬崖式；网师园看松读画轩前花台上的黑松，树干横卧于

图 4-13 狮子林曲干式古柏

地面，呈卧干式；狮子林指柏轩前假山上的古柏【图 4-13】，树干弯曲，树枝下垂，呈曲干式。

以上树形与绝壁水池配合成绝妙的画面。

第五章　触目琳琅

《易》曰：“形而上者为之道，形而下者为之器。”然《老子》以为“朴（道）散则为器”，“道”蕴于“器”，既反映了礼乐文化，亦凸显了园主胸中文墨，“清閟云林题阁；英光米老名斋”，三希堂、过云楼，春风触目皆琳琅，文人在注目移情之中，内心由物兴发生命情境之感怀与反思，此之谓“玩物尚志”！

第一节　几榻文椅

中国园林家具陈设具有鲜明的时代特征。如明代大厅陈设简洁，仅正中一座屏风，地面是空的，其他根据婚丧喜事的需要，随时调动桌椅及其他使用器物。晚明时期人欲横流，“奢侈风气大抵始于城市，而后及于郊外；始于衣冠之家，而后及于城市（市民）”，清代陈设较之明时要繁复得多，《红楼梦》描写的清初贵族府邸大厅，悬挂一赤金九龙青地大匾；两侧数副对联，中间设紫檀雕螭大案，设着三尺来高青绿古铜，地下两溜十六张交椅。现存的江南私家园林的大厅陈设，实际上是清代的陈设。

史前至汉代，人们以席地而坐为起居方式，因此家具均属低矮型，陈设多帐幔几案之属，至汉代达到其最高成就，形成了彩漆家具体系。自魏晋至唐代，传统的席地起居习俗逐渐被垂足高坐取代，为适应生活的需要，家具形体出现了由低向高发展的趋势，最后形成新式高足家具的完整组合。垂足而坐完全取代席地而坐的古风是在宋代。元代立国时间短暂，在家具品类和制作上主要沿袭宋代风格。明清时期，家具进入艺术高峰，具有极高的美学价值。严格地来讲，明清家具是中国明清时期宫廷和富贵人家的家具。

今天陈设在古典园林中的家具主要为明清两种式样，因此，古典园林的家具及陈设艺术主要反映了明清时期文人士大夫的生活方式、文化习惯和审美心理。

明永乐年间，郑和七下西洋，曾到过越南、印度尼西亚的爪哇和苏门答腊、斯里兰卡、印度和非洲东海岸。这些南洋诸国（今东南亚）盛产高级木材，郑和给这些国家带去了中国的丝绸和瓷器，运回了大量的花梨木、紫檀木、红木等家具原材料，这些材料分量重，正好做压舱之用。

明代家具多用花梨木，清代多用紫檀木红木。这些贵重的木材，质地坚实细密，花纹清晰美丽，色泽深纯雅洁。

明代众多文人热衷于家具的研究和设计，明代家具简（造型简练,收分有致）、线（线条为主，不尚华丽）、精（精雕细作，结构适用）、雅（典雅素净，和谐大方），浸透着中国古典美学内涵，表现出浓厚的东方文化韵味。

盛清时代的家具一反明代家具的“书卷气”，一变而为雕琢繁缛，镶嵌大理石、瓷、螺钿，以至琥珀、玛瑙、珊瑚、宝石、珐琅等，色泽光闪明亮，璀璨华美。清中叶以后，随着市民主体意识的觉醒，园林建筑雕刻多为反映市民日常生活的民俗戏文图案。如紫檀镶桦木框、框内镶粉彩瓷屏的太师椅、紫檀镶影木心靠背的太师椅、紫檀嵌玉太师椅、紫檀木镶珐琅的方凳、紫檀木嵌螺钿的半圆桌、楠木嵌竹丝的方几、百宝嵌的屏风、百宝嵌的盆架等。充分展示了盛世的国势与民风。

中国园林家具，主要有“苏作”“广作”“京作”和“海作”之别。“苏作”，传承了明式家具的风格，造型轻巧雅丽；“广作”家具是西洋家具与清式家具的结合，中西合璧；“京作”主要指宫廷家具，将苏作和广作融合，雍容华贵；“海作”，海纳百川，西洋家具与明式家具的结合，摩登时尚。

家具早就超越了它的功能价值，而进入精神审美领域，承载着的是深沉、博大的文化内涵，与中华民族文化精神一脉相承。

一　几榻蕴德

基于严格的等级制度的约束和审美趣味的不同，皇家园林和士大夫园林，在装饰和陈设方面，形成了错采镂金和出水芙蓉两种迥然不同的美学风格，但也有着重德崇文等共同的文化品格。

自上古时代席地而坐的几榻等家具身上，就与敬老、尚德有了关联。

几，可坐、可凭、可放、可供。《周礼》中记载了不同等级身份的贵族可以分别使用玉几、雕几、髹几、素几等，老人们更是“居则凭几，行则携杖”，几、杖成为老人必备之物，所以，古人常以赐几杖敬老。早在西周时代，就有仲秋“授几杖”的礼节，两汉时期进一步发展并赋予了新内容。

《礼记·曲礼上》记：“谋于长者，必操几杖以从之。”《礼记·月令》载：“仲秋之月……是月也：养衰老，授几杖，行糜粥饮食。”几、杖，被称之为养尊之物。

鸠杖又称王杖，杖首刻画了一只鸠鸟背负着一只小鸟，口里还衔着一只小鸟。如此表现的意图就是要告诫人们不忘父母哺育之恩、养育之情。所以《后汉书·礼仪》就将鸠鸟直接比作老人，在杖上装饰鸠鸟就是寓意敬老。

手持鸠杖之人可以自由出入官府，见官不用“趋”（小跑步），外出时还可以走驰道，做买卖享受减免租税。政府还立法保护老人，假如有冒犯持杖之人，就将遭重罚，如殴打或侮辱了老人，就会以大逆不道的罪行斩首弃市，甚至还会连累亭长、乡官们被“弃市”。鸠杖之人获得如

图 5-1 榻

此地位和特权，充分体现了西汉时期对尊老敬老政策的高度重视。

“榻”【图 5-1】见于典籍很早，“高人屡解陈蕃榻，过客难登谢朓楼”，陈蕃是汉末重臣，有澄清天下之志，桓帝朝曾为太尉，灵帝朝又为太傅。陈蕃因犯颜直谏得罪宵小而被挤出京都洛阳，贬放到豫章郡任太守，陈蕃为太守时，一向方正严峻,在郡不接宾客，唯徐稚来访特设一榻，去则悬之。

徐稚，豫章南昌人，家贫，“常自耕稼”，非其力不食，《后汉书》中记载，徐孺子“恭俭义让，所居服其德”，“清妙高跱，超世绝俗”，有“南州高士”之誉。但是地方上屡次要录用他，他都“不起”，甚至拜他为太原太守，他也“不就”。即使在陈蕃等当朝大吏极力推荐、皇帝“以安车玄备礼征之”，他仍旧“不至”。徐孺子早就对天下大势洞若观火，他清醒地认识到，“大树将颠，非一绳所维”，朝廷就如一棵大树就要倾倒了，靠一根绳子怎能维系？

史载，陈蕃不仅为徐稚设榻，他在做乐安太守时，“郡人周璆，高洁之士。前后郡守招命莫肯至，唯蕃能致焉。字而不名，特为置一榻，去则悬之”。

后人对待贤明之人效仿陈蕃悬榻的也不在少数。比如唐代王庭凑对待骆山人如若师长，特地为其修建了一座亭子。在亭子里，王庭凑效仿陈蕃为骆山人专门准备了一张床榻供他休息，而人一离开就将床榻悬挂起来。

从此，“下榻”一词成了德贤高士住宿的美称，今天我们犹称贵宾住宿为“下榻”。“陈蕃榻”为礼贤下士之物，家具与德结缘。

东汉许慎《说文解字》载：“玉，石之美有五德者”，古代有“君子无故，玉不去身”之说。清代在古典园林家具和陈设物镶嵌玉饰成为风尚，如皇帝宝座上嵌玉，留园五峰仙馆后厅楠木天然几上所置的花果图案插屏镶嵌着玉石。

二　物带人号

宗白华先生说：我们对最现实的器具，赋予

崇高的意义、优美的形式，使它们不仅仅是我们役使的工具，而是可以同我们对语、同我们情思往还的艺术境界。明代沈德符《野获编·玩具·物带人号》：

> 古来用物，至今犹系其人者……其流传后世者。无如苏子瞻、秦桧之二人为著。如胡床之有靠背者，名东坡椅。肉之大胾不割者，名东坡肉。帻之四面垫角者，名东坡巾。椅之栢桊联前者，名太师椅。窗之中密而上下疏者，名太师槅，皆至今用之称之。近日友人陈眉公作花布花缬绫被及饼饵胡床溲器等物，亦以其字冠之，盖亦时尚使然。

自宋以来，有以名人名号称呼物件的习尚，实在风雅可掬了！

东坡椅，是一种有靠背可以折叠的椅子，大约出现在宋朝，由胡人传入。既可自由折叠，携带又很方便，大概苏轼很喜欢坐，仰慕其名者效法之，于是风行，也称名人效应吧。

但太师椅【图 5-2】就有歧说了。据宋代张端义《贵耳集》卷下载，那时的交椅是从古代胡床发展而来的，胡床亦称“交床”“交椅”“绳床”，是古时一种可以折叠的轻便坐具，即马扎。自古以来只有栲栳椅式样即圈手椅，相府衙门的

图 5-2 太师椅

人都用，因为宰相秦桧坐在圈手椅上偃仰之时头巾掉落，京兆尹吴渊奉承时相，特命造了用荷叶托首的四十把交椅，送到相府，于是就把这种交椅叫“太师椅”。

似乎太师椅之称，先是京兆尹吴渊为奉承时相秦桧所制，后来这种椅子专供官居相位即太师的坐用，成为古家具中唯一用官职来命名的椅子，最早使用于宋代，最初的形式是一种类似于交椅的椅具。

宋代岳珂《桯史》卷七载短剧《二圣环》，讲述了太师椅的来历：南宋奸相秦桧，一日宴请宾客，席间有个参军走到秦桧面前，吹捧这位相爷的“功德”，秦桧十分高兴，即命一伶人送交椅赐坐。参军受宠若惊，在拱揖就坐时，因举止失措，忽坠其幞头，露出了巾环。伶人即问参军这是什么巾环，参军回答："二圣环。"伶人一听，便一语双关地对参军说："你只顾自己坐太师椅，却把'二圣环'丢在脑后，讲得过去吗？"伶人此言，表面上是批评参军的失礼行为，实际上是暗讽秦桧只顾自己做太师，却把宋徽宗、宋钦宗的回归忘得一干二净。伶人所说的"二圣"即徽宗、钦宗，这时已被金人俘虏扣押；"环"谐音"还"，指回到宋朝朝廷。后人除叹服伶人的说话技巧外，从此就把交椅称为"太师椅"。

另一种说法是由"文太史椅"演化而来。"文太史"指明代才子文徵明，生前日用的一把交椅归曾孙文震孟所有。文震孟明末曾入内阁为副相，系崇祯朝的太师。因"太史"与"太师"谐音，加上文震孟又官居太师，时人不愿将"太师"之名号给奸相秦桧，所以就把这种椅子叫作"太师椅"了。

在明代，将上部按栲栳样椅圈儿的圈椅称为太师椅。可能与明刊本《鲁班经》中插图【图5–3】一样，大厅里主人坐在交椅上，而另两把椅子则供客人所坐。交椅因十分舒适，在宋明时代比灯挂椅有更高的地位。

至清代，太师椅式样并无定式，体形较大，做工精致，设在厅堂上用的扶手椅、屏背椅等都有称做太师椅的，样子庄重严谨，用料厚重，宽

图 5-3 明太师椅（明刊本《鲁班经》中插图）

大夸张，装饰繁缛。

由于“太师”是官名，是尊贵、高雅的象征，也象征着坐在太师椅上之人地位尊贵、受人敬仰，已经完全脱离了舒适，而趋向于尊严，虽然样式有交椅、圈椅、清式扶手椅等变化，但在人们心目中的崇高地位不变。

清中期后，原为官家之太师椅走进了寻常百姓家，椅背与扶手常被雕刻得精彩异常，成为一种充满富贵之气的精美坐椅，风靡一时，后来又发展到用榉木等木材制造，成为一种家常坐具。

乾隆时期的太师椅制作最为精美，一般采用紫檀、花梨与红木等高级木材制作，还有镶瓷、镶石、镶珐琅等工艺。

苏州民间有一种称为“文椅”的扶手椅，北方人称之为“玫瑰椅”，吸取了宋代流行的扶手与靠背平齐的扶手椅并加以改进，去掉脚枨，将扶手下降，用材较细，予人以轻便灵巧的感觉，供名士文人书斋、画轩、小馆陈设和使用，造型委婉精致，单纯优美，比例舒展匀称，运线秀丽明快，制作精工，有一种“书卷之气”，集中体现了明式家具的特色和做派。人们习称这类家具为“文人家具”。

北方人何以将这种椅子冠以“玫瑰”美名？或曰“玫瑰”乃玉石，尊“玉文化”故称；或曰北人取南人昵称“美鬼椅”的谐音，讹为“玫瑰椅”了。由此可见古人的雅而尚礼、文不失秀、而不堕媚的审美境界。

中国文人还喜欢在家具上刻书画、诗和铭文。苏州留园明瑟楼内有四只红木藤面靠背椅子，靠背上分别刻有梅、兰、竹、菊四种图案，象征“四君子”，椅子上有仁卿所刻“香谷幽芳”“岁寒清品”、“青霜坚挺挺，玉露壮森森”等题款。内四只藤面靠背椅子均刻有题款，分别为：一、“直上青云，仿六如居士法。仁卿刻”；二、“傍水香花种，梅报早春来。壬申夏月芸轩”；三、“桃花深浅处，似句深浅妆，仁卿刻”；四、“三径秋风，吴中仁卿刻”。饶有雅趣，给人以意境联想。

明代董其昌在官帽椅上题文：“公退之暇，披鹤氅衣，带华阳巾，手执《周易》一卷，焚香默坐，消遣世虑。江山之外，第见风帆沙鸟，烟云竹树而已。”

清代金石学家张廷济，博学嗜古，筑清仪阁，以图书金石自娱。《清仪阁杂咏》一卷，计五十首，皆咏其清仪阁所藏之物，始商秦汉魏晋唐，乃至清代；自金石象齿，以至瓦甓砖垒，版干蕘漆；自碑碣赋咏，简牍铭识，以至篆隶图画，刻削髹饰，应有尽有。其中记载了一件“周公暇坐”的一把紫檀木扶手椅，椅板镌：‘无事此静坐，一日如两日，若活七十年，便是百四十。’戊辰冬日周天球书。”说明此椅为明代书画家周天球所用。无独有偶，今天美国大都会博物馆的“明轩”居然也有一把明代椅子，上面也有周天球题的同样款识，可能就是同一把椅子。

书画家文徵明在椅背上题文刻字：“门无剥

啄，松影参差，禽声上下，煮苦茗啜之，弄笔窗间，随大小作数十字，展所藏法帖笔迹画卷纵观之。”今亦见藏于美国大都会博物馆“明轩”。另外还有祝枝山等名家题词的椅子。

三　丹漆不文

中国古典园林特别是私家园林，都追求在日常生活中营造或寻找一种古雅的文化气息和氛围，企图建构一个绝无功利之心、简素怡情的闲适空间，成为中国文人的安身立命之所。园林陈设十分推重明代风格。

苏州是明式家具的发源地。据万历年间进士王士性《广志绎》记载："姑苏人聪慧好古，亦善仿古法为之……斋头清玩，几案床榻，近皆以紫檀、花梨为尚，尚古朴不尚雕镂，即物有雕镂，亦皆商周秦汉之式，海内僻远皆效尤之，此亦嘉、隆、万三朝为始盛。”

中国园林中陈设家具，到明万历后才大量流行，也是苏州领此风气之先。

文震亨《长物志》对家具风格的“古朴”“精雅”“天然”“高逸”有着详尽的论述。他的审美代表了当时的复古思潮，特别反对油漆和雕镂。文震亨主张文人要使用方便，如方桌，“须取极方大古朴，列坐可十数人，以供展玩书画”；“坐卧依凭，无不便适，燕衔之暇，以之展经史，阅书画，陈鼎彝……何施不可”，天然几只可“略雕云头、如意之类，不可用龙凤、花草诸俗式，近时所制狭而长者最可厌”；“狭长混角”俗气，“漆者尤俗”，“施金漆”更是“俗不堪用”，对家具“徒取雕绘文饰，以悦俗眼”之时弊，“慨叹实深”。明代文人特别青睐纹理如行云流水的黄花梨。

明代文人欣赏材质的本色之美，反映的正是先秦哲人的美学观。《道德经》第八十一章：“信言不美，美言不信。”《庄子·知北游》：“天地有大美而不言。”主张质朴混沌的大自然本身是最为完善的。老庄都反对人为的矫饰，主张本色之美。这一点，儒家之祖师孔子、法家之斗士韩非子都很欣赏。《孔子家语·好生》：“吾闻丹漆不文，白玉不琱，何也？质有余，不受饰故也。’”《韩非子·解老》：“和氏之璧，不饰以五彩；隋侯之珠，不饰以银黄。其质至美，物不足以饰之。”

第二节　古董韵物

中国园林主人中不少人嗜古成癖、雅好收藏。文人趋古旨在汲取文化之源，体察精神之变，探其古意堂奥，也就是说，物品是表象，而索其文化之脉，才是真意。

皇家园林陈设既有稀世文物，也有该时代的时尚珍品，集中体现了该时代最高的科技工艺水平。

私家园林除少数贵戚富贾外，与皇家园林相比，更注重"高雅绝俗之趣"，看重的是王思任《季叔房诗序》说的，"不斧凿而工，不橐箭而化，动以天机，鸣以天籁，此其趣胜也，趣盎味流，不啻镜花盐水"，即使小斋仅能容膝，"广袤逾寻丈，孤石修竹"，只要"屋角春风多杏花"，也觉得悠然尘外。

北京故宫博物院藏有唐初于陕西凤翔发现的石鼓文，用先秦籀文（大篆）在十块鼓形的花岗石上刻有秦君游猎的四言诗，每块刻一首，风格与产生于周初至春秋中叶的《诗经》相近，应为同时代的作品，被誉为中华“石刻之祖”“中国第一古物”。

台北故宫博物院的书画藏品中有汉晋至唐宋元明清历代大家的书画真迹近 1 万件（元代以前绘画 574 件，书法 155 件）。

王羲之《快雪时晴帖》、黄公望的《富春山居图》后部长卷、怀素的《自叙帖》、颜真卿的《刘中使帖》、苏东坡的《寒食帖》等，皆旷世名作。王羲之的书法精品《快雪时晴帖》，笔法圆劲古雅、意态闲逸，在优美的姿态中流露出潇洒的意蕴，乾隆皇帝非常喜欢此迹，誉之为“天下无双，古今鲜对”。乾隆四十四年（1779）在北海增建“快雪堂”，贮存石刻法书。首列为王羲之的《快雪时晴帖》，遂命名为快雪堂。

乾隆将《快雪时晴帖》【图 5–4】与王献之的《中秋帖》、王珣的《伯远帖》称“三稀”，藏于养心殿西暖阁据说仅八平方米的书房中，房中悬挂着乾隆手书的“三希堂”匾，两侧对联：“怀抱观古今；深心托豪素。”墙壁上嵌着五颜六色的瓷壁瓶，瓷壁瓶下楠木《三希堂法帖》木匣；隔扇横眉装裱的乾隆御笔《三希堂记》，墙壁张贴

图 5-4 王羲之《快雪时晴帖》

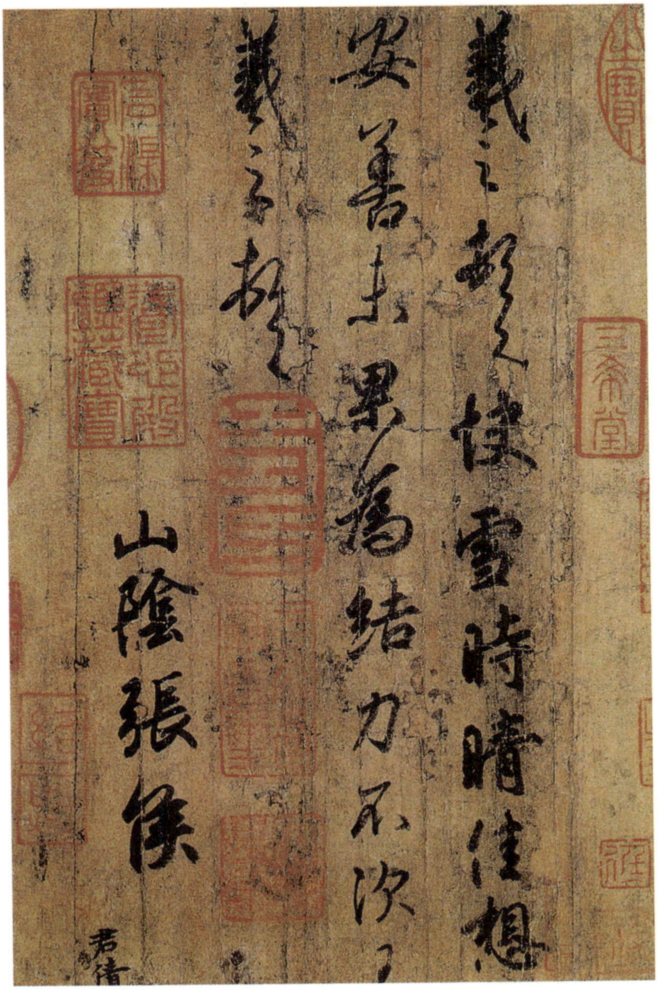

的宫廷画家金廷标的《王羲之学书图》、沈德潜作的《三希堂歌》以及董邦达的山水画等。优雅古朴，文气氤氲。又在北海特建“三希堂”收藏。

台北故宫藏善本古籍近 2 万册，包括中国仅有四部的《四库全书》中较完整的一部；明清档案文献近 40 万件；敦煌写经 100 多卷；明清时期编纂的1500多种方志，以及世界罕见的满文老档40册。

私家园林主人收藏也不遗余力，特别是明清时代。据秀水沈德符《万历野获编》卷二十六载：

> 嘉靖末年，海内宴安。士大夫富厚者，以治园亭，教歌舞之隙，间及古玩。如吴中吴文恪之孙、溧阳史尚宝之子，皆世藏珍秘，不假外索。

书中还记载了延陵的嵇太史 、云间的朱太史、秀水项太学、安太学、华户部辈，也都“不吝重赀收购，名播江南”。明代祁彪佳《寓山注八求楼》，以汉郑樵八种求书之道求书：(一)、即类以求；(二)、旁类以求，(三)、因地以求；(四)、因家以求；(五)、求之公；(六)、求之私；(七)、因人以求；(八)、因代以求。先人每师其意，穷搜博采，凡积书十万余卷。他本人得书三万一千五百余卷，镇日摩娑。

他们还筑有楼阁宝藏文物，如宋代书画家米芾有珍藏晋名人法帖的“宝晋斋”，元代倪云林有珍藏法书名画的“清閟阁”，文徵明之父文林筑小园“停云馆”，文徵明勒所藏名帖为《停云馆帖》十二卷。

明末清初的钱谦益，青年时即喜古书善本，不惜重赀购古本，以至“书贾奔赴捆载无虚日”，所藏多宋元旧刻。中年时构拂山山房藏其所收之书，晚年则藏于红豆山庄的绛云楼。曹溶《绛云楼书目题词》说：“所收必宋元版，不取近人所刻及钞本，虽苏子美、叶石林、三沈集等，以非旧刻，不入目录中；一好自矜啬，傲他氏所不及，片楮不肯借出。”

苏州怡园主人顾文彬，一生殚精竭虑，多方搜求，积累书画墨迹达到数百件之多【图 5-5】，自晋唐至明清，有不少为传世的赫赫名迹。筑私家藏书楼“过云楼”，晚年精选所藏书画 250 件，编纂成《过云楼书画记》十卷。世有“江南收藏甲天下，过云楼收藏甲江南”之称，自清同治以来，已超过六代，历经百余年清芬世守、递藏有绪，在中国收藏史上罕有其匹。

书画中囊括明代书画家沈周、文徵明、唐

图 5-5 过云楼藏帖目录
苏州碑刻博物馆

寅、仇英、吴宽、王宠、祝允明珍品的《吴门雅集》二十四开册页，元代画家王蒙的《葛稚川移居图》【图5-6】《释智永真草千文卷》《米题褚摹兰亭卷》《唐写郁单越经卷》，苏轼《祭黄几道文》，王羲之《右军千文》，颜真卿、怀素合书墨宝等。此楼内所藏字画无与伦比，人称“半壁江山过云楼”。顾氏所藏古籍，大多来自苏州藏书家莫友芝、吴平斋、潘志万、沈树镛、刘履芬、史蓉庄等人的藏书散出。

2012年6月6日，宋代所编大型类书之一、宋版《锦绣万花谷》全80卷领衔的179种1292册过云楼藏历代古籍善本举槌开拍，以2.16亿元成交，刷新了古籍拍卖的纪录。

私家园林大多有建碑廊以存收藏之名帖的习惯，如上海曲水园辟“石鼓文书艺苑”，展出其仿制品，并有“碑廊”，嵌84块石碑，碑文有草书、小篆、行书、楷书、行草书、章草书、金文字等各体。瞻园曲廊镌刻着瞻园的历史沿革及历次维修的记事古碑，也有画家袁江《瞻园图》，又有现代书法家书写的历代文人墨客吟诵瞻园的诗词歌赋新碑，集行、草、隶、楷、篆诸体。

苏州有“留园法帖”、“怡园法帖”和狮子林《听雨楼藏帖》书条石。留园以淳化阁帖为多，又补入玉烟堂、戏鱼堂等帖，比他园为多，园中四个景区以曲廊作为联系脉络，廊长700多米。

图 5-6 元代王蒙《葛稚川移居图》

故宫博物院藏

循长廊至中部的西南景区，沿壁嵌有历代名书法家石刻370多块。

园林中大量具有古雅美、形制美和文学美的匾额楹联，或大书于木，悬之中堂，或镌之摩崖，不仅是景的“诗化”“心灵化”，更是对景境意象和心灵境界的一种审美概括，其中的匾额，正是园林及景境的“灵魂”，因而，具有历史的、人文的、审美的价值，更是园林中不可或缺的艺术珍品。

二　鼎彝窑瓷

古代宗庙常用礼器的总名称彝。如钟、鼎、尊、罍、俎、豆之属。其中鼎是青铜器之王。传说大禹划分天下为九州岛，令九州岛州牧贡献青铜，铸造九鼎，将全国九州岛的名山大川、奇异之物镌刻于九鼎之身，以一鼎象征一州，并将九鼎集中于夏王朝都城。九州岛就成为中国的代名词。九鼎成了王权至高无上、国家统一昌盛的象征。商代时，对表示王室贵族身份的鼎，曾有严格的规定：士用一鼎或三鼎，大夫用五鼎，而天子才能用九鼎，祭祀天地祖先时行九鼎大礼。因此，“鼎”很自然地成为国家拥有政权的象征，进而成为国家的传国宝器。据说，秦始皇灭六国时，九鼎已不知下落。也有史学家认为，九鼎只有一个，代表九州岛，也叫九州岛鼎，简称九鼎。

台北故宫博物院共收藏铜器1万多件，其中

有商周到春秋战国时期的青铜器4300多件，如商代蟠龙纹盘、兽面纹壶、战国牺尊，西周毛公鼎等。西周毛公鼎与今藏于国家博物馆、上海博物馆大盂鼎和大克鼎并誉为“海内三宝”。

毛公鼎的铭文有32行499字，是迄今出土的七千多件铭文青铜器中最长的铭文，乃周宣王时代的完整的册命。造型浑厚而凝重，饰纹简洁有力、古雅朴素，标志着西周晚期，青铜器已经从浓重的神秘色彩中摆脱出来，淡化了宗教意识而增强了生活气息。鼎身铭文的书法是成熟的西周金文风格，奇逸飞动，气象浑穆，笔意圆劲茂隽，结体方长，较散氏盘稍端整。李瑞清题跋鼎时说：“毛公鼎为周庙堂文字，其文则尚书也，学书不学毛公鼎，犹儒生不读尚书也。”费声骞在《古代碑帖鉴赏》中这样介绍毛文：笔致谨严，字形整齐有致。相异于一般金文的豪放逸纵，结字略带长形，显得劲挺瘦劲，全文布局气象温和，历来被视为周代篆文的正宗，金文的瑰宝。

大盂鼎，又称廿三祀盂鼎，造于西周周康王时期。鼎身为立耳、圆腹、三柱足、腹下略鼓，口沿下饰以饕餮纹带，三足上饰以兽面纹，并饰以扉棱，下加两道弦纹，使整个造型显得雄伟凝重，威仪万端，为世间瑰宝，是现存西周青铜器中的大型器。内壁有铭文291字，属于西周早期的金文中瑰异凝重类，字体庄严凝重而美观，故在成、康时代金文中，以书法的成就而言，当以大盂鼎居首位。

大克鼎又名克鼎和膳夫克鼎，与该鼎同出的还有小鼎七件、盨二件、钟六件、镈一件，都是膳夫克所作之器。因此称此鼎为大克鼎，小鼎为小克鼎。为西周孝王时期一位名叫克的大贵族为祭祀祖父而铸造。造型宏伟古朴，鼎口之上竖立双耳，底部三足已开始向西周晚期的兽蹄形演化，显得沉稳坚实。纹饰是三组对称的变体夔纹和宽阔的窃曲纹，线条雄浑流畅。由于窃曲纹如同浪峰波谷环绕器身，因此又叫波曲纹。

苏州听枫园主人、金石学家吴云笃学考古，精通书法，好古精鉴，性喜金石彝鼎，法书名画，汉印晋砖，宋元书籍，一一罗致。所藏齐侯罍和齐侯中罍，前者又称“阮罍”，为阮元“积古斋”曾收藏的珍品，在听枫园内筑“两罍轩”以藏之。著《两罍轩彝器图释》【图 5-7】和《虢季子白盘铭考》等金石书。

瓷器是园林陈设必备之物，而瓷器乃中国的发明，有一万二千年历史，中国向有“瓷国”之称。据故宫博物院古器物部副主任、陶瓷专家吕成龙介绍，故宫的陶瓷藏品涵盖八千年前至现代名家作品，时代色彩鲜明：唐之圆润丰满；宋之秀丽典雅；元之雄浑朴拙；明宣德之端庄稳重，成化之隽秀典雅；嘉靖之复杂多变；清康熙之刚

图 5-7《两罍轩彝器图释》书影

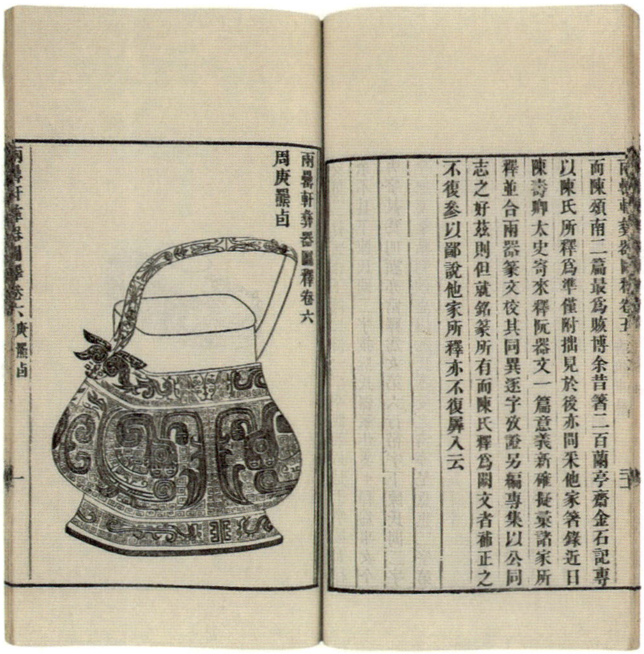

劲挺拔，雍正之文雅精细，乾隆之猎奇新颖。如唐代的越窑秘色瓷八棱瓶、宋代的汝窑淡天青釉弦纹樽、龙泉窑粉青釉贯耳瓶、建窑的曜变釉盏等，都是国宝。

台北故宫博物院共收藏有 25248 件清宫旧藏瓷器，名窑俱备，精品无数，多为宋代五大名窑瓷器及明代官窑瓷器和清代康雍乾三朝珐琅彩瓷器。

三　斋头清玩

斋头清玩极富知识含量，不外乎镇纸、笔筒、碧玉笔格、砚台、砚盒、笔洗、笔掭、水丞、墨床、石章、棋盘、蜡盏、扇骨、摆件之类文房器具。清道光十五年（1835）奉旨清查的圆明园有玉砚、笔洗337件。朱家溍先生编著的《明清室内陈设》讲到的宫苑书斋文房用品就有：清昭仁殿白玉莲瓣洗、西苑中南海宋官窑圆洗、康熙天蓝釉洗、西苑中南海长春书屋清青玉灵芝洗、乾隆御题白玉茄式洗、嘉庆御赏白玉砚、清康熙松花江石嵌蚌池砚、清乾隆银鎏金簪花暖砚盒、清雍正画珐琅莲瓣式水丞、清康熙冬青釉暗朵云水丞、清文竹贴花水丞、碧玉镶白玉墨床、青玉梅花委角方笔筒、轻黄杨木雕笔掭、牙雕葫芦形笔掭、白玉镂雕松柏人物笔架、青花矾红百蝠管笔等，都为稀世珍品。

道光年间内务府一份奏折，详尽载明道光十五年奉旨清查的圆明园库贮物件情况：圆明园存各式如意450款，头等瓷炉、瓶、罐等291件……台北故宫博物院玉器5万多件，其中有著名的新石器时代的玉璧、玉圭、玉璜，以及闻名海内外的清代玉雕“翠玉白菜”【图5-8】、“避邪雕刻”、“三镶玉如意”等。

“如意”一词出于印度梵语“阿娜律”。最早的如意，用骨、角、竹、木、玉、石、铜、铁等制成，长三尺许，前端作手指形。脊背有痒，手所不能至，搔之可如意，因而得名。晋唐时代，我国已有如意，是用来搔痒的。和尚宣讲佛经时，也持如意，记经文于上，以防遗忘。《释氏要览》：

图 5-8 翠玉白菜
台北故宫博物院藏

“如意之制，盖心之表也，故菩萨皆执之，状如云片。”道教盛行后，逐渐把如意和灵芝、云纹巧妙地融合在一起。将手形如意改变成灵芝祥云状。这是因为灵芝草能益精气、强筋骨，传说食之能起死回生、长命百岁。同天上云彩结合起来，形成祥云凝聚、优雅美丽的神采。《琅环记》：“昔有贫士，多阴德，遇道士赠一如意，凡心有所欲，一举之顷，随即如意，因即名之也。”如意者，诸事都能够如愿以偿也。明、清两代，取如意之名，表示吉祥如意，幸福来临，是供玩赏的吉利器物。

美国纽约大都会艺术博物馆藏有圆明园的一柄用名贵白玉雕成的康熙玉如意，颜色白中透绿，雕成多孔真菌形状，手柄顶部铭文有“御制”两个大字，下部铭文是：“敬愿屡丰年，天下咸如意。臣吴敬恭进。”

皇家园林连日常使用的器具也会与帝王心愿联系起来，如日常所用烛台有一款名“海晏河清式”，喻义天下太平了。唐代薛逢《九日曲池游眺》：“正当海晏河清日，便是修文偃武时。”唐代郑锡《日中有王子赋》：“河清海晏，时和岁丰。”与颐和园石舫【图 5-9】名“清晏”一样，反映出希望长治久安、天下太平的统治思想。

图 5-9 颐和园石舫

第三节 时玩珍赏

古典园林主人既尚古也追新，所谓“时玩”，就是时尚的玩物，与古玩相对而言。自明代中叶以后，晚明尤甚，明代沈德符《万历野获编·时玩》载：“玩好之物，以古为贵，惟本朝则不然。永乐之剔红、宣德之铜、成化之窑，其价遂与古敌。”沈周、唐寅之画，可与荆浩、关仝同价；文徵明、祝枝山之书，价参苏轼、米芾。缙绅士大夫可以倾囊相酬，甚至真假莫辨。又曰：“本朝瓷器，用白地青花，间装五色，为古今之冠，如宣窑品最贵！近日又重成窑，出宣窑之上。”

“苏样”产品成为时髦的代名词。明中叶以后，日本、韩国工艺品兴盛一时，清同光时代，西学东渐，西洋时钟、彩色玻璃成为时髦货。

一 时尚“苏样”

明代文学家袁宏道称誉“苏郡文物，甲于一

时。至弘、正间，才艺代出，斌斌称极盛”，直至清咸丰十年（1860），吴地号为“天下第一都会”，王士性《广志绎》所言：“善操海内上下进退之权，苏人以为雅者，则四方随之而雅，俗者，则随而俗之。”

时有“苏意”“苏样”之说。据晚明宁波文人薛冈谓，“苏意”，原来并非美谈，明成化十二年（1476），思想保守僵化的杭州地方官居然将穿着“窄袜浅鞋”的人，枷号示众，但不知道写什么罪名，就写上“苏意犯人”四字，人以为笑柄，转相传播，“今遂一概希奇鲜见动称‘苏意’，而极力效法，北人尤甚”。统治阶级敌视文化中有创意的“苏意”商品，但适得其反，禁止成为“笑柄”，却反而推波助澜，“苏意”商品成为时髦的代名词，人们以拥有为荣。

当时，“苏样的百柱鬃帽”“苏做的扇子”，以及各种小商品、贵重商品，都受到人们的欢迎。

如“苏扇”，最负盛名的是檀香扇、绢宫扇和折扇，苏州折扇【5-10】又称“吴扇”，制作风雅娟秀，世称“雅扇”。扇骨又称骨子，取材以竹为主，又有檀香木、红木、黄杨、紫檀、乌木、鸡翅木、桃丝木、湘妃竹以及象牙、玳瑁等多达数百种珍贵材料。扇骨柄部的造型俗称头形，式样有大圆头、小圆头、平头、玉兰头、琴、燕尾、葫芦、瓶等，花色繁多，以简朴、古雅为妙品，

图 5-10 苏州折扇

集造型、字画、印章、诗词、雕刻、镶嵌于一身，成为进贡皇帝的贡品和身份的象征，也是人们收藏的珍品。

二　绝技小器

明朝上层人士刻意追求精、尖的工艺品，波及士大夫，遂浸淫成风，但这些器具确实精良，名不虚传。当时，“良工虽集京师，工巧则推苏郡”。

袁宏道《时尚》：“古今好尚不同，薄技小器，皆得著名”，袁宏道所说的“薄技”实际是“绝技”：“铸铜如王吉、姜娘子；琢琴如雷文、张越；窑器如哥窑、董窑；漆器如张成、杨茂、彭君宝，经历几世；士大夫宝玩欣赏，与诗画并重；当时文人墨士、明公巨卿，煊赫一时者，不知湮没多少，而诸匠之名，顾得不朽。……近日小技著名者尤多，然皆吴人。瓦瓶如龚春、时大彬，价至二三千钱，龚春尤称难得，黄质而腻，光华若玉；铜炉称胡四，苏松人有效铸者，皆不能及；扇面称何得之，锡器称赵良璧，一瓶可值千钱，敲之作金石声，一时好事家争购之，如恐不及。”

另外精细器物有：鲍天成之治犀，周柱之治嵌镶，赵良璧之治梳，朱碧山之治金银，马勋、荷叶李之治扇，张寄修之治琴，范昆白之治三弦子，俱可上下百年保无敌手。

其中有的工匠技艺全面，如赵良璧既治锡器又治梳，皆绝活。

明清被誉为“吴中绝技”的还有“苏琢”“苏雕”，时刘谂善琢晶、玉、玛瑙，仿古之作，可以乱真；贺四、李文甫和王小溪等，都善雕精巧小品。其中陆子冈最富盛名，《苏州府志》：“陆子冈，碾玉妙手，造水仙簪，玲珑奇巧，花茎细如毫发。”陆子冈技艺全面，设计奇妙，器型多变，所琢玉器，多铭文诗句，具浓郁书卷气韵，都为图章式印款，所选多为新疆青玉、白玉。

故宫博物院珍藏的青玉合卺杯，由两个直筒圆口器相连制成，底为兽首足，杯身上下各饰一圈绳纹，作捆扎状；一面镂雕一凤纹，作杯把，一面凸雕双螭作爬行盘绕状；在两螭间、绳纹结扎口上方，刻一方章，隶书“万寿”两字；杯身两侧分别有剔地阳文隶书铭文一组和杯名，以及款式各一。一组铭文：“湿湿楚璞，既雕既琢，玉液琼浆，钧天广乐。”末署“祝允明”三字，诗上部绳索纹外有“合卺杯”名；另一侧铭文是：

“九陌祥烟合，千香瑞日明，愿君万年寿，长醉凤凰城。”诗上方与“合卺杯”相对处，有“子冈制”篆书款。玉杯雕琢精湛，运线挺劲有力，形象生动传神，镂、剔、透、琢兼有，工艺稳健精到，为罕见传世之作。

苏州虎丘捏像，以形象逼真传神闻名于世。清代康乾时期，盛极一时。清代张霞房《红兰逸乘》载：虎丘捏相，老少男女，神气宛然，固绝技也。尝闻工人云，用井底金沙泥和蜜之，则肥瘠美丑，得心应手矣。

清代曹雪芹《红楼梦》第六十七回写薛蟠从苏州回来，带来许多土物，给他母亲和妹妹看：

> 薛蟠笑着道：“那一箱是给妹妹带的。”……外有虎丘带来的自行人，酒令儿，水银灌的打筋斗小小子，沙子灯，一出一出的泥人儿的戏，用青纱罩的匣子装着，又有在虎丘山上泥捏的薛蟠的小像，与薛蟠毫无相差。宝钗见了，别的都不理论，倒是薛蟠的小像，拿着细细看了一看，又看看他哥哥，不禁笑起来了。

“泥捏的薛蟠的小像，与薛蟠毫无相差”，难怪一向矜持的薛宝钗也忍不住要笑了！

微雕，就是用极尖细的三棱刀分别在竹、象

牙，甚至头发上镌刻出极细微的书画、人物或诗词，作品越小巧越显得珍贵。

明代苏州常熟人王叔远“能以径寸之木，为宫室、器皿、人物，以至鸟兽、木石，罔不因势象形，各具情态”，魏学洢《核舟记》详细记载了王叔远送给他的一核舟，刻的是苏东坡坐船游览赤壁。文末总结道：“通计一舟，为人五；为窗八；为箬篷，为楫，为炉，为壶，为手卷，为念珠各一；对联、题名并篆文，为字共三十有四；而计其长曾不盈寸。盖简桃核修狭者为之。嘻，技亦灵怪矣哉！”核桃雕刻在一不满一寸的小船上，刻着神态各异的五个人、窗户八扇、箬竹叶做的船篷、船桨、炉子、茶壶、书画横幅、念珠各一件；并刻着对联、题名和篆文共三十四字。作者不禁击节赞叹道：技艺真灵巧奇妙啊！

三　异国奇货

异国奇货也是园林陈设及收藏的器物。

“倭扇”即折扇，最初是来自日本、琉球和朝鲜的贡物，北宋时传入中国。明初广泛流行，文人在摺叠扇上挥洒翰墨，寄情言志，扇面艺术成为文人一方艺术天地。明代中后期，文人颇青睐韩日工艺器具，成为书斋时尚“韵物”，如倭漆墨匣、倭漆撞盒、倭尺、倭人凿铜细眼罩盖熏炉、花瓶和高丽纸等。

盛清时代的乾隆对西洋喷泉等十分好奇，令

洋画家设计成大水法；履迹欧亚的商人也开始用“洋货”装饰园林，虽然因此出现了头带瓜皮帽、光脚穿西装的怪胎，但西洋奇货进古典园林之势，随着口岸开放、传教士来华，越来越猛。颐和园仁寿殿挂着1903年从德国进口的五彩吊灯，花俏而美丽，与仁寿殿的气氛很不协调。

南浔张石铭故居的女厅、西式洋楼及西洋舞厅，装饰材料大多数从法国购置，楼房窗户镶嵌菱形蓝色印花玻璃，玻璃上的图案花式是手绘各种四时花卉和果品。墙面上镶嵌彩色瓷画瓷板，墙面屋顶均用洋红砖瓦砌筑，地砖及油画均从法国进口。壁炉、玻璃刻花到克林斯铁柱等，均体现欧洲18世纪的建筑风格。连洋房前庭院中的两株广玉兰也是西洋品种。

陈设物以西洋自鸣钟为例。16世纪以后，英法钟表业才开始兴盛起来，并向世界各地传播，最早传入中国是在17世纪初。意大利传教士利玛窦进献给皇帝的礼品中，钟表赫然在目。清朝四百多年间，“八音新式闹时钟”都是时髦而且奢侈的贵族用品，以时钟为陈设是清代上层社会曾经的时尚。

朱家溍编著的《明清室内陈设》第158图储秀宫西梢间陈设，前檐炕上设紫檀嵌螺钿石面炕桌，上设白玉带盖壶、翠玉盖碗、海晏河清式烛台、黑漆彩绘花鸟长方盘，靠西墙紫檀带屉炕几上陈设着西洋钟和香水粉盒。

光绪年间出版的《点石斋画报》上，一幅恭亲王奕䜣在别墅的陈设，奕䜣坐在榻上，右手持拂尘，臂靠着炕桌，左手抚摸着波斯猫，踩脚踏，落地罩上飞罩部分雕镂精美，炕几上鼎彝文物，也有最时尚的西洋时钟。陈设还有兰花等盆花、湖石花木盆景、花卉清供、书架等，木石当窗，蕉叶玲珑。

第六章　艺术生活

“礼”与“乐”文化相互制约又相互补充。大凡乐舞、诗画、雕镂、建筑乃至仪仗、田猎、肴馔等，“凡是使人快乐，使人的感官得到享受的东西,都可以广泛地称之为‘乐’”。孔子叹赏“游于艺”的“曾点气象”，即宋理学家追求的“胸次悠然，直与天地万物上下同流”！

第一节　卷中岁月

清代苏州状元陆润庠有副名联：

> 读书取正，读易取变，读骚取幽，读庄取达，读汉文取坚，最有味卷中岁月；
>
> 与菊同野，与梅同疏，与莲同洁，与兰同芳，与海棠同韵，定自称花里神仙。

读《尚书》《易经》《离骚》《庄子》《汉书》，最具味道的是潜心在书中的时光；用“正”“变”“幽”“达”“坚”五字概括了五书精髓，可谓善读书者。对句则借咏花喻指人的品格高洁脱俗，心志不凡，选了菊、梅、莲、兰、海棠五种，用“野”“疏”“洁”“芳”“韵”五字概括了五花的独特丰姿，并自称是花里的神仙。

沐浴着园林的清风明月，四壁图书，坐对

书编，借花月之助，下笔如有神！

一　腹有诗书

苏东坡道：“腹有诗书气自华”。在崇文重教的古代中国，万般皆下品，惟有读书高，中国文人园主大多具有诗书画“三绝”的文化素养。

园林多书房，而“书房，是精神的巢穴，生命的禅床”，是他们读书写作的最理想的环境。诸如深柳读书堂、四知书屋、汲古书屋、惜荫书屋、笔生花馆，乃至拥书阁、读书轩、行书廊、浇书亭，所在皆是，即陈眉公所谓：“闭门即是深山，读书随处净土。”

笔耕自给的文士们，常不逢年，萧然环堵，只要残书数卷，虽瓶无储粟，而意若万钟，其神气之所啸傲，大约在云兴霞蔚、图嶂镜波之间。盆蓄渊明之菊，庭植观复之梅。

中国文人园主中除了那些“终身不曾到，惟展宅图看”的达官贵人，他们“经营第宅，风亭月榭，重楄累翼，而驰驱鞅掌，曾不得一日偃仰其中者”外，大都过着“镫火夜深书有味，墨华晨湛字生香”（网师园“殿春簃”联）的生活。祁彪佳《寓山注·烂柯山房》描写了在园林读书的惬意：“主人读书其中，倦则倚槛四望。凡客至，辄于数里外见之，遣童子出探，良久，一舟犹在中流也。时或高卧，就枕上看日出云生，吞吐万状，昔人所谓卧游，犹借四壁图画，主人似较胜之。”

历数唐宋以来的名园主人，如初唐文学家宋之问，盛唐山水田园诗人王维，中唐大诗人白居易，晚唐司空图，宋代诗人苏舜钦，史学家、文学家司马光，元代大画家倪云林等，明清更不胜枚举，王世贞、文徵明、袁枚、俞樾、黄遵宪……无一不是学富五车、才高八斗者。

白居易的庐山草堂，只有三间两柱，二室四牖，木斫而已，不加丹；墙圬而已，不加白。阶用石，幂窗用纸，竹帘纻帏，率称是焉。堂中设木榻四，素屏二，漆琴一张，儒、道、佛书各三两卷。

明代张岱绍兴城内"不二斋"，"图书四壁，充栋连床，鼎彝尊罍，不称而具。春时，四壁下全是山兰，槛前芍药半亩，多异木；夏日，建兰、茉莉香泽浸人，沁人衣裾。重阳前后，移菊北窗下。入冬，梧叶落，腊梅开，暖日洒窗，红炉正旺"。

清代戈宙襄书房仅三椽，茅屋纸窗，仅蔽风雨。左置长几，积书其上，下一小榻，倦即卧，中容方几短椅，供三四人坐，客来小饮，恒肩摩而趾错然；有书橱五，无他物。主人日夕独居其间，左图右史，前花后竹，校读之余，继以诗酒，兴趣所至，真不知天地之大，古今之远，宫室之盛，品物之繁，其心泰然自足，其身亦若宽然有裕，遂取孟夫子之意，名之曰"广居"。

晚清朴学大师、曲园主人俞樾有副对联：

“门外客来时载酒；床头书满又眠琴。”倘能独处一室，左图右史，凝尘满席，南面王不与易也！俞樾在读书著作的书斋花园曲园中，潜心学术四十余载，笔耕不辍，勤奋治学，缪荃荪在《俞先生行状》中称誉：“训诂主汉学，义理主宋学，教弟子以通经致用，蔚然为东南大师。”俞樾将其著述汇编成集，用曲园厅堂“春在堂”命名为《春在堂全书》，近500卷。包括有：《群经平议》16种35卷、《诸子平议》15种35卷、《古书疑义举例》等著作，研究先秦经学和诸子百家学说，为士林推服。另有《达斋春秋论》《词录》《曲园杂纂》《宾荫集》《俞楼杂纂》《第一楼丛书》等，涉及经学、诸子学、史学、音韵训诂学、诗词、戏曲、书法等，还有杂文、诗歌、随笔、尺牍、楹联、笔记、传奇、谣谚等杂撰。搜罗宏富，足以沾溉后学。曾国藩戏称“李少荃（李鸿章）拼命做官，俞荫甫（俞樾）拼命著书”！

黄遵宪晚年蛰居书斋园林“人境庐”，创作大量诗歌，并自选和编订了《人境庐诗草》。

苏州耦园的男主人沈秉成（1822—1895），早慧而好读书，虽隆寒酷暑，仍手不释卷，是晚清著名能吏。耦园女主人严永华，工丹青，娴诗赋，通音律，张之万《鲽砚庐诗钞序》盛赞：“深得元季四大家遗法”。俞樾也不无欣羡地说：“伉俪均能诗。仲复在京师得一异石，文理自然成鱼形。剖而琢之为二砚，砚各一鱼，夫妇分用之，名曰‘鲽砚’，其名颇新，余为赋五言诗一章，首云：‘何年东海鱼，化作一拳石。天为贤梁孟，产此双合璧。’亦文房一佳话也！”

夫妇唱酬，合著《鲽砚庐联吟集》【图 6–1】，共三集六卷（光绪丙申五月耦园刊藏），颇有宋代李清照、赵明诚两人归来堂斗茶读书的遗韵。沈秉成有《蚕桑辑要》《鲽砚庐金石款识》等著作，严永华著有《鲽砚庐诗钞》《纫兰室诗钞》。伉俪相随数十载，诗酒酬唱，未尝有虚日。严永华用“箧中诗草富，袖里笔花香。黻佩歌偕老，蓬壶日月长”的诗句来形容他们夫妇在园中的卷中岁月。他们的生活就像是一首诗，太值得我们细细地品味与感受了。

将所居园林或园林厅堂、书房题名为自己别集或专著之名者俯拾皆是，如明代王心一《兰

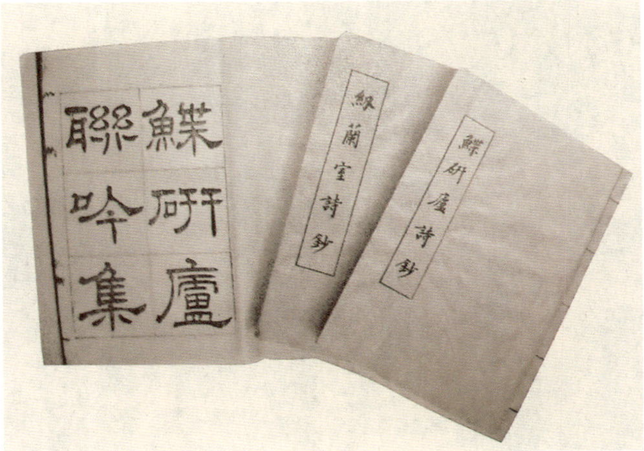

图 6–1《鲽砚庐联吟集》书影

雪堂集》（兰雪堂为归田园居堂名）、顾苓《塔影园集》、潘允端《玉华堂日记》（玉华堂为豫园厅堂之一）、清代宋宗元《网师园唐诗笺》、俞樾《春在堂全集》、陈之遴之妻徐灿《拙政园诗余初集》等。大量的园记出自这些文采风流的园主之手，如宋代苏舜钦的《沧浪亭记》、明代王世贞的《弇山园记》、祁彪佳《寓山注》、清代袁枚的《随园记》、俞樾的《曲园记》等不胜枚举。

帝制时代，帝王们自幼受到严格的文化教育，中国园林史上著名的皇家园林如宋之艮岳、清之三山五园【图 6–2】，参与设计的帝王都非庸凡之辈。

康熙号称中国历史上最博学的帝王，他 5 岁入书房读书，废寝忘食，读“四书”——《大学》《中庸》《论语》《孟子》，“必使字字成诵，从来

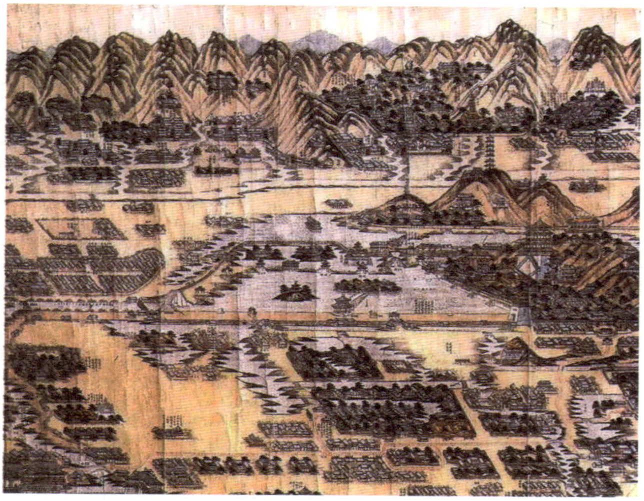

图 6–2 清皇家园林三山五园图

不肯自欺”；又喜书法，“每日写千余字，从无间断”。即位后，为“体会古帝王孜孜求治之意”，学习更勤奋，甚至过劳咯血。无论是出巡途中，或居行宫，谈《周易》，看《尚书》，读《左传》，诵《诗经》，赋诗著文，手不释卷。更“旁通蒙古、西藏、回族各部及拉丁、希腊文字”。

康熙皇帝对医学、自然科学都有着极大的兴趣。他创建了被西方科学家称为“中国科学院”的蒙养斋算学馆。2003 年在法国巴黎凡尔赛宫举办的“康熙大帝展”，展出故宫珍藏的康熙年间西洋科学仪器，至今仍运转自如，光彩照人。这些展品主要有：手摇计算机、铜镀金比例规、康熙角尺、平面和立体几何模型、绘图仪、御制简平地平合璧仪等。

康熙皇帝重视史籍，下令编纂《清文鉴》（满文字书）、《康熙字典》、《古今图书集成》、《皇舆全览图》、《全唐诗》、《佩文韵府》等大型工具书和文学总集，开一代整理与雕印文化典籍之风。

他一生著有《御制文集》（三集）、《御制诗集》、《几暇格物编》等传世，留下 1147 首“气魄博大，出语精深”的诗词。其中也有许多园景诗，如避暑山庄，康熙皇帝选园中佳景以四字为名题写了三十六景，每景写一首定景诗及序。

处处以祖父康熙皇帝为榜样的乾隆，六岁就学，过目成诵，诗作达 4 万多首，虽有捉刀代笔之嫌，但能诗善书的乾隆帝文才不容小觑，语言能力也颇为超群，他精通满语（包括老满文和新满文）、汉语和蒙古语，藏语和维吾尔语也达到了“能之”的程度，这在中国古代帝王中是绝无仅有的。

乾隆皇帝虽然不关注欧洲各国的科学文化，但他开博学宏词科，招纳天下人才，下令征求书籍，完成《明史》《清文献通考》《大清会典》《大清一统志》《四库全书》，成就也颇卓著。乾隆对修建圆明园、避暑山庄都倾注了极大的热情，有《御制圆明园四十景诗》、承德避暑山庄乾隆御题三十六景联诗等。

二　花月留题

园林今胜地，昔日古诗坛。自晋以来，文人山水园林有大开园门听人来游之风。唐代贺知章“主人不相识，偶坐为林泉”，宋代依然是“洛下园池不闭门……遍入何尝问主人”！因此，四方游客成为游园诗作者群体，正所谓“花月留题，寄闲情在二千里外”者。

如陈松瀛《游瞿氏网师园》、朱临《游复园》、徐世勋《游留园》、邵启贤《台城路·秋日与孟庵同游留园，暮归感赋》、查元偁《复园十咏》、俞樾《拙政园歌》等。

宋代苏舜钦筑沧浪亭，邀欧阳修共作沧浪篇，写下了著名的《沧浪亭》长诗。“长史作记欧公赋，金钟大镛声相宣，斯亭遂与人不朽”。时梅尧臣亦作《沧浪亭》诗应和之，成为诗坛佳话。

明朝嘉靖时的御史王献臣构拙政园，由于王献臣的直臣风范，赢得吴下名士的景仰，一时名士如徐祯卿、文徵明、唐伯虎、张灵、王宠等人多与之唱酬。如在拙政园落成后，绝意仕途的唐伯虎为王敬止绘《西畴图》，并七律一首："铁冠仙吏隐城隅，西近平畴宅一区。准例公田多种秫，不教诗兴败催租。秋成烂煮长腰米，春作先驱丫髻奴。鼓腹年年歌帝力，不须祈谷幸操壶。"这位"桃花仙"称王献臣为"铁冠仙吏"，并歌颂其隐逸生活的惬意，可以年年鼓腹而歌《击壤》："日出而作。日入而息。凿井而饮。耕田而食"，"帝力于我何有哉"！王宠描写王御史园林"天青云自媚，沙白鸟相鲜"，可以晏然自怡。方太古《十五夜饮王敬止园亭》："客子未归天一涯，沧江亭上听新蛙。春风莫漫随人老，吹落来禽千树花。"

诗人袁枚是拙政园中部复园的主人蒋棨的姻亲，屡居园中，有"人生只合君家住，借得青山又借书"的诗句，还留下了许多诗文。

大诗人吴梅村为拙政园主陈之遴姻亲，亦居园中。园内有宝珠山茶三四株，花时巨丽鲜艳，吴梅村作了著名的《咏拙政园山茶并引》。唱和者众，有陈维崧的《拙政园连理山茶歌》、吴蔚光《次梅村集中〈咏拙政园山茶花〉》、姚承绪

《拙政园——用吴梅村拙政园山茶花韵》诗等。

耦园和鹤园曾一度成为词坛盟主朱祖谋（号疆村）赁居之处。朱氏为浙江归安（今湖州市）人，他从广东学政抱病辞归，隐居苏州。借住耦园西园“织帘老屋”，写有《忆西园池上红梅·六幺令》《别西园作·清平乐》《西园载酒咏枇杷·红林檎近》等著名词作。朱祖谋在赁居鹤园的时候，“四方名士，接踵其庐”。今园中尚有丁香一株，邓邦述为之篆书“沤尹词人手植丁香”八字，镌诸石而嵌于花坛。

北海郑文焯，字俊臣，号小波，其词类姜白石，大有“野云孤飞，去留无迹”之概，梁启超谓其词为清末第一把交椅。他亦寓吴中，与朱祖谋曾朝夕过从，相与觞咏歌啸，谈词不倦。即使偶然小别，亦常有书札往还，论词无虚日。

清初扬州儒商马曰璐兄弟别墅，名小玲珑山馆，“藏书甲大江南北”，名人学者往来其间，诗酒酬唱，丰富的藏书成为他们的精神食粮，名士学者如饥似渴地在此博览群书，卓然名家者甚多。觞咏之盛，不减山阴。主人马氏兄弟经常邀请扬州文化名流在园中举行咏诗会，扬州八怪也经常在此聚会。金农写过《乾隆癸亥暮春之初，马氏昆季宴友人于玲珑山馆……》，汪士慎写过《试灯前一日，集小玲珑山馆，听高西唐诵〈雨中集字怀人〉诗》等。《韩江雅集》诗集就是马氏兄弟刊刻的诗会上众多墨客骚人的吟唱往来的诗集。

明代上海古猗园主厅逸野堂悬有著名书法家董其昌所题“华岩墨海”匾额，此处“裙屐纷流连，诗酒互驰逐”，士大夫和文人墨客在此欣赏风花雪月，以笔墨相尚。万历年间的上海秋霞圃【图 6–3】，园主龚弘后裔与“嘉定四先生”唐时升、娄坚、程嘉遂、李流芳等名士会文唱和其中，“园林之宴无虚日”盛况空前。园中位于桃花潭东南隅的“池上草堂”，也是文人雅士赏荷胜地，他们在这里，频联诗酒，晚凉归去。

图 6–3 上海秋霞圃

清代钱泳《履园丛话丛话二十·园林》记载："吾乡有浣香园者，在啸傲泾，江阴李氏世居。康熙末年，布衣李芥轩先生所构，仅有堂三楹，曰恕堂。堂下惟植桂树两三株而已，其前小室，即芥轩也。沈归愚尚书未第时，尝与吴门韩补瓢、李客山辈往来赋诗于此，有《浣香园唱和集》。乃知园亭不在宽广，不在华丽，总视主人以传。"

钱泳曾有感于此，遂云："园亭不必自造。凡人之园亭，有一花一石者，吾来啸歌其中，即吾之园亭矣，不亦便哉！"

三　养心之资

"卓荦观群书"，"从容养余日"，读书以养心是园居生活的重要内容。园林多书斋、吟馆，一个园中往往有几个书斋。如留园有汲古得绠处、还我读书处、揖峰轩等数个书房。《卫生格言》说，"书籍为养心之资"。

清人石成金将"读书之乐"作为其长生秘诀。在石天基养生说中，将"读书"列为一大法门。曹庭栋养生学专著《养生随笔》中也专辟"书室"一章。

园林环境优雅，花木葱茏，空气新鲜，负离子多，有益健康。明代吴宽将回到他在苏州的园林"东庄"时十分喜悦："折桂桥边旧隐居，近闻种树绕茆庐。如今预喜休官日，树底清风好看书。"坐对青山读异书，耦园西花园的书房"织帘老屋”，南到湖石假山，西、东、北三面都联缀湖石石峰，树木苍翠，花开四季，环境清雅。俞樾的书斋花园曲园的书房“小竹里馆”，庭院遍植方竹，用王维《竹里馆》诗境，“独坐幽篁里，弹琴复长啸。深林人不知，明月来相照”，在一个完全属于自己的天地里，远离尘嚣，自居自乐自逍遥。

宋人韩驹《李氏娱书斋》说：“惟书有真乐，意味久犹在。”元代翁森《四时读书乐》诗意，写徜徉书海的四季之乐，春夏秋冬，坐拥书城，左图右史，这就是四时读书乐。艺圃原有四时读书乐楼，冬天读书，窗外白梅吐蕊，暗香飘逸，体会到翁森“读书之乐何处寻，数点梅花天地心”的境界，这就是沧浪亭书房“见心书屋”的立意。

读书之时，心无旁骛，跳出三界，“寂然凝虑，思接千载，悄然动容，视通万里”，能够全面激发心智，使大脑在恒动中保持机敏与活力，延缓中枢神经老化，带动血液循环，协调和控制全身功能，达到健康长寿，此谓书香赛过药香啊。所以曾国藩说：“书味深者，面自粹润。”陶渊明“虚室有余闲”，“虚室”，既指空室，亦喻心境。网师园的读书养心之所名“集虚斋”，出自《庄子·人间世》“惟道集虚，虚者，心斋也”。只有修持真道，心志纯一，排除杂念，才能臻至虚寂空明的境界。“住心观净”，“主静去欲”，心清闻妙香，沧浪亭书房“闻妙香室”深得个中真昧。

清代文揆《医心》言：“病亦不迎医，书卷养性命。”读书能使人的大脑产生形象思维和抽象思维、发散思维和收敛思维与灵感的综合效应，起到益寿作用。陆游70岁以后的“却老方”是“蝇头细字夜抄书”，“病需书卷作良医”。

读书可益智识理，懂得养生之道。牟宗三先生指出，中国哲学的传统，关心的是“生命”，几千年学问的精华就集中在性理、玄理、空理，加上事理与情理，属于道德宗教方面、生命的学问，调护润泽生命，十分注重生活和养生，善于从生活中发现美，善于调摄生活，懂得生活的艺术。这样，我们亦可理解西汉文学家刘向“书犹药也，善读之可以医愚”的精神了。

第二节　琴书自娱

耽于逸乐、玩物丧志，就远离了孔子所说的“游于艺”的教诲。而“玩物尚志”就成为“游于艺”的生活艺术。读书、抚琴、弈棋、斗诗、写画、顾曲、观戏等园林文化生活，无不作为一种教育手段而为文人们所必修，在“游于艺”的同时去完成净化心灵的功业。这样的园居生活，可以涤胸洗襟，尚志明节，有益于士人观事理、涤志气的事业。

“艺术是解放的，给人自由的”，文人除了陶醉于卷中岁月，也以琴书自娱、诗酒联欢，使心灵获得艺术的滋养！

管弦丝竹等“乐”一向被纳入政治教化范畴。《子路、曾皙、冉有、公西华侍坐》章中曾点的做法，别人言志时，他凝神弹琴，孔子点着名要他言志，他却“鼓瑟希，铿尔，舍瑟而作，对曰：'异乎三子者之撰。'"他的志向居然是："暮春者，春服既成，冠者五六人，童子六七人，浴乎沂，风乎舞雩，咏而归。"孔子叹道："吾与点也！"

《明史·乐志》载："古先圣王，治定功成而作乐，以合天地之性，类万物之情，天神格而民志协。盖乐者心声也，君心和，六合之内无不和矣。是以乐作于上，民化于下。"

一　赏心乐事

《礼记·郊特牲》："殷人尚声。臭味未成，涤荡其声，乐三阕，然后出迎牲。声音之号，所以诏告于天地之间也。"祭品即牺牲的香味还没有出来，音乐就响起来了，目的是诏告天地，接受祭奠，享受祭品。这里的音乐是用来祭祀的。

帝王贵族们的声色之好，自古皆然，属于礼乐文化的音乐和美味，逐渐演变为帝王们享乐的"苑囿声色"：从沉溺于鹿台朝歌的酒池肉林、靡靡之音到欣赏章华台的楚腰舞柳、馆娃宫"响屧廊"舞步节奏，逐步摒弃肉欲刺激的粗俗的玩乐方式而向纯精神享受转化。尽管帝王们出于巩固统治的目的，也会用《尚书·无逸》告诫皇子们，"君子所其无逸，先知稼穑之艰难"，不要贪图安逸，要懂得农业生产的艰难，但却打着与民同乐的道德幌子，在园林中大建舞榭歌台。

皇家、贵族园林中都建有戏楼，并有专业戏

班子演戏。看戏成为帝王嫔妃们的共同喜好。皇家宫苑内建了许多戏台，如明清时期，畅音阁大戏台、御花园漱芳斋院内戏台、倦勤斋小戏台等。

颐和园中光绪皇帝和慈禧太后看戏的场所——德和园，由大戏台、颐乐殿和后照殿等组成。“德和”取自《左传》“君子听之以平其心，心平德和，故诗为万乘之宝也”，意思是美好的诗歌（音乐）能陶冶性情，使人心地平和，达到道德高尚的境界。将看戏纳入礼仪教化内容。大戏楼自上而下，分为福、禄、寿三台。下层天花板中心有天井与上层戏台串通，中层戏台设有绞车，可巧设机关布景，使剧中的神仙鬼怪在舞台上天入地，变化无穷。底层舞台地下室有水井，砌了五个方形水池，水与演员演唱的声音产生共鸣，使声音更加洪亮，并可设置水法布景，用于表演龙口喷水等景。南部为毗连的两层扮戏楼是规模巨大的后台。

慈禧太后集戏迷、编剧、演员于一身，对于剧中演员的服装、唱腔要求也极为严格，自己兴致来了还会穿上戏服上台演上一段，她最喜欢扮演的角色是观音菩萨。

清末，京剧艺术勃兴，当时梨园界名角谭鑫培、杨小楼、王瑶卿、陈德霖等曾在此为慈禧演戏。

恭亲王奕䜣的府第的大戏楼，采用三卷勾

连搭全封闭式结构，音响效果极佳，楼内不装扩音设备，完全凭借演员的本色发音，因之音色纯正自然。大戏楼坐落在园林东路，南面是一座四柱带顶盖的大戏台，前台与后台之间以紫硬木雕花隔扇隔开，隔扇上端悬一金字篆书匾额为“赏心乐事”。戏楼内的梁柱、顶壁上，皆彩绘藤萝，盛开的紫花与淡绿的枝蔓，使人有在藤萝架下看戏之感。当年是恭亲王及其亲友看戏的场所，上到皇帝，下到子臣都曾在此登堂亮相。

私家园林中也不乏戏台。如上海豫园有两座戏台，其中古戏台建于光绪十四年（1888），雕梁画栋，藻饰精美，被誉为“江南第一古戏台”。戏台正面有狮子、凤凰、双龙戏珠、戏文人物等木雕图案，造型优美，栩栩如生。顶部呈穹窿形的藻井，上有 22 层圈和 20 道弧线相交，四周 28 只金鸟展翅欲飞，中间是一面圆形明镜。装饰华丽，且符合声学原理，即使没有扩音设备，也能取得良好的音响效果。戏台两侧石柱上镌有昆曲艺术大师俞振飞的对联：“天增岁月人增寿；云想衣裳花想容。”

戏台对面设贵宾嘉座，均为清代太师椅和茶几；两边有双层清式看廊，安放着仿古红木靠椅和条桌，共有 200 个座位。环境典雅，古趣盎然。陈从周题名为“曲苑”。

豫园点春堂面对的小戏台名“凤舞鸾吟”，

俗称打唱台，镂金错彩，尤其是台前的垂檐，雕刻细腻，涂金染彩，工丽精巧，金碧辉煌，是当年花糖业公所宴请演唱和岁时祭供之处。戏台东南有小假山，水从假山下石窦中流出，汇成小池，戏台一半架在池中，依山临水，既营造出高山流水的意境，又具有极好的音响效果。戏台屋脊两端鱼龙鸱尾高翘，屋面上堆塑着《三国演义》人物造型，都是跃马扬鞭的激战状态。

二　东山丝竹

士大夫们往往艳羡东晋谢安的“东山丝竹”，琴书自乐。当然，家养戏班，或请戏班在园林里笙歌艳舞，也成为古代文人文化精神生活的重要组成部分。

号称苏州第一戏厅的留园门宕上镌刻着“东山丝竹”四字，明确了是追慕东晋谢安隐居会稽东山时的风流逸韵，陶情于丝竹管弦之乐。戏厅内双层戏台，两翼为包厢，中央大厅可容十张大圆桌，园主以谢安之风流自许。

东晋谢安早年隐居东山以自娱。《世说新语・识鉴》写谢安在东山携妓【图 6-4】，注引宋明帝《文章志》曰：“安纵心事外，疏略常节，每畜女妓，携持游肆也。”谢安爱散发岩阿，性好音乐，陶情丝竹，欣然自乐，甚至“期功之惨，不废妓乐”。后虽受朝寄，然东山之志，始终不渝，人称“江左风流宰相”。既风流又成功地指挥了

图 6-4 明代郭诩《东山携妓图》
台北故宫博物院藏

淝水之战，所谓“高卧东山四十年，一堂丝竹败苻坚”，赢得身前身后名。

“丝竹”指管弦乐器，其中以七弦琴为代表的古琴，列“八音”之首。琴音所表现的雅正之德谓“琴德”，《白虎通》曰：“琴之为器，贯众乐之长，统大雅之尊，系政教之盛衰，关人心之邪正。”于是，古琴也成为君子修身养性、治家理国的工具。因此，《礼记·曲礼下》：“士无故不撤琴瑟。”操缦调琴之时，“坐必正，视必端，听必专，意必敬，气必肃”，沾溉精神，陶冶性情。古时文人随身常携琴剑两物，取琴之柔、剑之刚，以寓意刚柔相济。“琴心剑胆”经常出现在园林厅堂庑廊门宕砖额上，言柔情侠骨，比喻既有情致，又有胆识。琴尚有“铁琴”之称，即铁骨琴心之谓也。

悠扬婉转的叮咚弦索声，与园林的清幽雅逸之景以及与古、淡、静、闲的心境相融相渗，天然和谐。唐代王维《竹里馆》诗：“独坐幽篁里，弹琴复长啸。深林人不知，明月来相照。”弹琴者是在意兴清幽、心灵澄净的状态下与竹林、明月本身所具有的清幽澄净的属性悠然相会，“俱道适往，着手成春”，进入“薄言情悟，悠悠天钧”的艺术天地。

中唐大诗人白居易也在他的家园中，每到春风吹拂、秋月影池，或水香荷莲盛开的早晨，或露清鹤鸣的夜晚，如此诗意浓溢的环境中，品酒弹琴，从欣赏《秋思》到合奏《霓裳散序》，“声随风飘，或凝或散，悠扬于竹烟波月之际者久之；曲未竟，而乐天陶然已醉，睡于石上矣！”人与自然相融，诗人的心灵得到最自由的释放，以致人景俱醉！

“琴清月当户，人寂风入室”，只要体认得静、远、澹、逸四字，有正始风，悉去俗情，也即臻于大雅了，所以，陶渊明“不解音律，而蓄无弦琴一张，每酒适，辄抚弄以寄其意”，追求的是宇宙天地之大乐。沈周作《蕉阴琴思》图诗云：“蕉下不生暑，坐生千古心。抱琴未须鼓，天地自知音。”都是对“彭泽意在无弦”的形象诠释。

音乐是化了妆的水，园林琴室，既要融琴音于水声，又要用假山景石营构出高山之趣，令人产生高山流水得知音的意境联想。明代还有用紫檀为边的琴台，以锡为池，在琴台中置水蓄鱼，以水晶板为面，鱼戏水藻，俨若出听。

琴曲《高山流水》，位居中国古代十大名曲之首，典出《列子·汤问》：“伯牙鼓琴，志在登高山，钟子期曰：‘哉，峨峨兮若泰山。’在流水，曰：‘哉，洋洋兮若江河。’”今筑于汉阳龟山西麓、月湖东畔的古琴台，就是为纪念伯牙与子期“高山流水遇知音”的故事而修建的。

古典园林都刻意营构高山流水的意境。苏州

耦园山水间水阁为女主人操琴之处，卷棚歇山式，北半部凌驾于水上，三面临空，给人以溪流不尽之感。气势雄浑的黄石假山与山池组成了“山水间”的自然野趣。

退思园琴室在山水园东首，南窗前流水潺潺，隔水对着湖石假山，假山之巅有“眠云亭”，象征“高山”，东侧墙下幽篁弄影。在此操琴，真有高山流水之趣。

琴和书籍，多为文人雅士清高生涯常伴之物。汉代刘歆《遂初赋》：“玩琴书以条畅兮，考性命之变态。”晋代陶潜《归去来辞》：“悦亲戚之情话，乐琴书以消忧。”君子之座，必左琴而右书，琴为书斋重要陈设。楼辛壶《咏山川雨露图书室》：“室静琴樽古，窗明木叶疏。”琴室，古代也称“琴堂”，南朝梁萧统《锦带书·太簇正月》：“足下神游书帐，性纵琴堂，谈丛发流水之源，笔阵引崩云之势。”“神游书帐，性纵琴堂”，也为文人自娱自乐常态。

古琴及操琴的造型、“高山流水遇知音”的古琴故事也是漏窗【图 6–5】、铺地、裙板博古雕刻等的重要题材。古琴名曲《渔樵问答》的泥塑造型，见于天平山庄逍遥楼山墙上。

“琴会”是苏州怡园的传统文化活动。吴昌硕尝作《怡园会琴记》，李子昭绘有《怡园会琴图》长卷，园主顾鹤逸题诗曰：“雅道直追桓君山，

图 6-5 狮子林古琴漏窗

使材广鬼朱乐圃；众人解品唐时弦，差喜蜀僧能语古。山馆更藏坡仙琴，相对亦足涤烦襟。月明夜尽当无事，来听玉涧流泉琴。”叶璋伯并镌石藏园。

三　隔院笙歌

明代正德之后，宴饮添加了丝竹之乐，宴享高歌，由元代南戏发展而来的昆曲，盛行于江南，陈从周先生说：曲境与园林更互相依存，有时几乎曲境就是园境，而园境又同曲境……临水为多，或者再添水阁。花厅、水阁都是兼作顾曲之所，如苏州怡园藕香榭，网师园濯缨水阁等，水殿风来，余音绕梁，隔院笙歌，月下笛声，园林美和昆曲美令人神往的结合。

《红楼梦》描写荣国府家养的戏班子，贾蔷曾南下姑苏采买小戏子，大多数富贵之家约请戏班子来家里唱“堂会”【图 6-6】。

昆曲史上特定的演艺集团称“家班”，昆曲家班是士大夫阶层家里养的戏班，蓄养家班滥觞于明代嘉靖年间，万历以后蔚然成风。明清两代，苏州、杭州、南京、扬州以至到京城里面，达官贵人、文人雅士都以家班的规模、家班的演出水平互相竞争。家班的主人不光参与创作、伴奏，甚至粉墨登场。昆曲就这样完全融入了中国文人的家庭生活及精神世界。黄宗羲《思旧录》说，明末天启、崇祯年间，河北吴桥县人范景文（1587—1644）：“公有家乐，每饭则击以侑酒，风流文采，映照一时。”而家班的演出就在大大小小的园林之内，如宝应县乔莱“纵棹园”家班（赐金班）、明末清初无锡寄畅园秦氏父子的家乐歌班。如皋名士冒襄（辟疆）为“明末四公子”

图 6-6 苏州戏曲博物馆堂会戏担

之一，家班歌童女乐即寓居水绘园。明亡以后，冒襄誓不仕清，与秦淮八艳之一的侍妾董小宛，隐居水绘园，“树木掩映，亭榭参差，曲水环流，山亭独立，尝于其中高会名流，开樽张乐”，以度曲自娱，并邀四方名士以书、画、诗、戏、酒为娱，以家乐招待四方宾客。

明代吴中巨富许自昌（字玄佑），是刻书家、藏书家、戏曲家，擅作曲，家中有乐班，所交多名士，常集宾友诗酒觞咏于园林“梅花墅”。园中有广池曲廊，亭台阁道，美石占十分之一，花竹占十分之二，水面占十分之七。在园内锦瑟弹鸣，又撰乐府新声，招待来客，乃至通宵达旦。

豫园主人潘允端有风雅的清誉，能诗文，雅好戏曲，特别是南戏（传奇）。他从苏州买来一班唱昆曲的小厮，进行频繁的戏曲演出，一时在沪上被称为“雅丽”。在其所著《玉华堂日记》中，涉及戏曲活动的内容占全书的四分之三，是研究昆剧和上海地方戏曲发展的重要资料。据《上海文化艺术志》记载：“豫园主人潘允端家乐（家庭戏班），万历年十六年至二十九年（1588—1601）共演出《琵琶记》等传奇杂剧20余部。”

扬州“其险要扼南北之冲，其往来为商贾之萃”，“商人多治园林饬厨，传教歌舞以自侈”，郑板桥有诗云：“千家养女先教曲，十里栽花算种田。”扬州园林乃顾曲雅玩的场所。据《扬州画舫录》卷五记载，其中有七位盐商自备的家庭昆班在接驾中先后闻名，依次为徐尚志家班（老徐班）、黄元德家班、张大安家班、汪启源家班、程谦德家班、洪充实家班、江春家班（德音班）。这在戏曲史上称为扬州“七大内班”。“七大内班”名伶荟萃；“江湖十二色”，色色俱备，周德敷、余维琛、山昆璧、金德辉等，皆为一时之俊杰；剧目丰备，行头富丽，有“红全堂”“绿全堂”等称。

举行诗文顾曲之会以马氏的小玲珑山馆、程氏的筱园和郑氏的休园为最盛。每当诗文会期，这些园中陈设几案，上面放了笔、墨、端砚、笺纸和诗韵，以及茶壶茶碗、果盒、甜食等，供与会文友构思作诗。有时园林主人还要采办精美菜肴，热情款待文友，但要求文友所写诗文，必须在一日内完成，然后，园主人将这些诗文刻印出来，装订成册，三日之内便可发到各人手中。

苏州拙政园西部原补园主体建筑三十六鸳鸯馆和十八曼陀罗花馆专为拍曲而建【图 6-7】。馆平面为方形，厅内中间用纱鬲与挂落分为大小相同的南北两部分，好像两座厅合并而成，形同鸳鸯厅。卷棚屋顶，梁架采用四连轩而称满轩，“四连轩”即在四隅各建耳室一间，作演唱侍候等用，四轩用“鹤胫弯椽”与“船篷弯椽”，组成穹形轩顶，成卷棚状，既寓鸳鸯命意，又使音响

图 6-7 拙政园满轩室内

绕梁萦回，整座满轩半悬水面，音响效果极佳。

园主张履谦及其长孙张紫东皆痴迷昆曲，曲韵笛声在补园回荡了半个世纪。当年，延请“江南曲圣”俞粟庐常住家教子孙昆曲，张紫东亲受其教，张履谦为他提供了一个可潜心研究昆曲、精心琢磨曲调、专门教授弟子的场所。他为师极严，无论对谁都不讲情面，都要训斥。据道和曲社孙善实回忆说，那些在鸳鸯厅（满轩）拍曲的后辈，如唱好了，他以三弦和之；如唱不好，他先看扇面，后又踱步厅中，使这些后辈心情不宁。最后想出了请俞老到留听阁【图 6-8】隔池听曲的好办法，这也是留听阁真正的实用意义。

昆剧演员“小生全才”沈月泉、昆剧演员“外

图 6-8 拙政园留听阁

老旦”吴义生作为曲师经常来补园授艺，为曲友“拍曲”“踏戏”。祖孙二人还经常在满轩举行曲会，更多的是昆曲“同期”，即不化妆，昆曲爱好者分角色围坐在桌前，唱完整个曲目。张岫云在《补园旧事》中回忆：“清润委婉的曲声在檀板玉笛伴奏下，飘出窗外，掠过水面，穿入花丛，绕过林木，沿着水廊，顺着粉墙，传遍补园。”“绿意红情春风夜雨；高山流水琴韵书声”。

昆剧泰斗俞振飞是俞粟庐的“老来子”，三岁丧母，随父住补园中，是张紫东的师弟，自幼在补园中伴随着悠扬的昆曲声长大。

第三节　诗酒联欢

中国古代文人特别看不起那些“不解文字饮，惟能醉红裙”的粗俗之徒，“否则珠帘画栋徒酒肉场耳，曷足尚哉”！

文人推崇的是雅集文会，即“文字饮”和“竹林宴”一类的风雅。元康六年（296），“穷奢极欲”的石崇在金谷园举行盛宴，邀集苏绍、潘岳等30位“望尘之友”，“登云阁，列姬姜，拊丝竹，叩宫商，宴华池，酌玉觞”，以为文酒之会。石崇作《金谷诗序》，但“繁华事散逐香尘”，金谷园湮没无闻；东晋王羲之等41位名士踵金谷的遗踪在兰亭觞咏、北宋西园文士雅集却引领了数千年文酒之会的风尚。

从此，园林雅集，文酒之会，成为中国游园的一种特殊方式。

一　兰亭觞咏

中华自古就有上巳节于水边祓禊的原始宗教活动，目的是“洗濯祓除，去宿垢疢”，而将曲水修禊的传统习俗雅化为魏晋风流之举，则渊源于王羲之等人的兰亭觞咏。

晋穆帝永和九年（353），暮春三月，在浙江会稽郡山阴县的兰亭（今绍兴城外的兰渚山下），一群名流雅士，有“清贵有鉴裁”的王羲之、陶情于东山丝竹的谢安、博学善文的“一时名流”孙绰、矜豪傲物的谢万、高僧支道林及王羲之的儿子献之、侄子凝之等四十一人聚会，周围有“崇山峻岭，茂林修竹”，“无丝竹管弦之盛，一觞一咏，亦足以畅叙幽情”：人们在曲水边，把酒倒进木制酒觞或陶制两边有耳的“羽觞”中，让“羽觞随波泛”，酒杯漂到谁面前，谁就饮酒作诗，作不出诗就罚喝酒。有十一人各成诗两篇，十五人各成诗一篇，十六人作不出诗，各罚酒三觥。王羲之将大家的诗收集起来，用鼠须笔在蚕茧纸上挥毫作序，乘兴而书，写下了举世闻名的“天下第一行书”《兰亭集序》，王羲之也因之被人尊为“书圣”。

原圆明园的四十景之一“坐石临流”处，仿绍兴兰亭建有兰亭八柱亭（今移建在中山公园），为重檐蓝瓦八角攒尖顶，置兰亭碑于亭内。兰亭碑上刻有曲水流觞图，背面有乾隆写的诗文。八根柱上分别刻有乾隆和精选的七位书法家临摹的兰亭帖。

自此，在园林进行曲水流觞衍为文人雅集的千古韵事。魏晋名士们多于园林野饮或郊外游宴，如石崇金谷宴饮，陶渊明在斜溪游宴等。

宋代黄庭坚在宜宾的流杯池和万州的流杯池也都是在郊外自然环境中进行。宜宾的流杯池在崔科山（也名天柱山）山下的天然峡谷中，谷底有清泉缓缓流出，绕谷底没入石中，为一天然奇观。黄庭坚于北宋元符元年（1098）居戎州时，于此凿石饮水为池，曰“流杯池”。《园冶》讲到“曲水”，颇赞“理涧法，上理石泉，口如瀑布，亦可流觞，似得天然之趣”。黄庭坚在宜宾的流杯池差可拟之。

皇家园林流觞都在园内建亭，凿石槽，如北京南海的流水音、乾隆花园的禊赏亭、潭柘寺的猗玕亭、恭王府翠锦园的流杯亭、避暑山庄的曲水荷香等，流水渠形或如“龙”字形，或如“亭”字型，虽都延续着绍兴兰亭流觞的风雅，但未脱“斯费工类俗”之病。

乾隆花园禊赏亭抱厦内地面凿石为 27 米长的“流杯渠”，曲回盘折，渠水来自亭南侧假山后掩蔽的水井，太监从井里用辘轳打上水来，倒入两只缸内，缸水利用地势通过管子经假山内暗渠流入渠内。为了营造“茂林修竹”的环境，在亭的汉白玉栏板等处均饰以竹纹，亭前垒砌具有亭园情趣的山石踏步。每逢三月三日修禊日，乾隆皇帝都要与王公大臣们把盏其间，吟诗作赋。

恭王府的“沁秋亭”，又叫“流杯亭”【图6–9】，从南面土山中深藏的一口水井里引水，潺潺流入沁秋亭内的“亭”字形小沟渠。潭柘寺则是“龙”字形的流杯亭。

避暑山庄的曲水荷香亭为一方亭，建在参差不齐的怪石中，《热河志》载：“亭南向，在北山麓，奇石参差，鳞次瓦叠。洞水潺潺，随石折为小沼，中植芙蕖，亭亭万柄，翠盖红葩，自然香远。圣祖题额曰‘曲水荷香’。”颇具野趣。康熙诗序

图 6–9 恭王府流杯亭

曰："碧溪清浅，随石盘折，流为小池，藕花无数，绿叶高低。每新雨初过，平堤水足，落红波面，贴贴如泛杯。兰亭觞咏，无此天趣。"昔日康熙、乾隆两位皇帝曾在此宴请大臣、蒙古王公。

私家园林也有建流觞亭的，如上海豫园的流觞亭，建于水边，一般不凿曲水沟渠，用写意手法，加上题咏点拨象征。如留园中部东边水畔的"曲溪"门额，位于水池之东，五行属木，象征着春天，令人有曲水流觞的联想；归田园居有一泓曲水绕岛。顾诒禄在《三月三日归田园修禊序》中描写了当年的"续修禊事"的盛况：园主召请文友们在园中，"维时春风方和，百物呈祥，绿草夹径，紫藤挂空，新荷舒钱，幽篁拂粉"，风景迷人，大家"坐危石，荫乔柯"，"解衣磅礴，散发咏歌，谈仙释之玄理，征古今之逸闻"，大畅其怀！"迨主客既醉，少长忘年，手掬悬溜，身卧落花"，放浪形骸之外，真可与当年王右军兰亭雅集齐观！

二　西园雅集

文人雅集，搞文化沙龙，古已有之。如汉之梁园宾客、曹丕邺下文人集团等。但影响之大，无过于元祐年间"西园雅集"，论者以为可与"兰亭集会"匹敌。

宋代西园是左卫将军、驸马都尉王诜的园林，"金翠楼台，倒影芙蓉沼。杨柳垂垂风袅袅，嫩荷无数青钿小，似此园林无限好！”王诜邀请好友、文坛盟主苏轼及蔡天启、李端叔、苏子由、黄鲁直、李伯时、晁无咎、张文潜、郑靖老、秦少游、陈碧虚、米元章、王仲至、圆通大师、刘巨济等十六位志同道合的文友，在美景如画的西园作诗、绘画、谈禅、论道。是时，王诜请善画人物的李公麟将自己和友人在西园中的宴游情景画了下来，这就是画史上艳称的《西园雅集图》。

米元章作《西园雅集图记》，首先赞赏李公麟的画是“效唐小李将军为着色泉石，云物草木花竹皆妙绝动人，而人物秀发，各肖其形，自有林下风味，无一点尘埃之气”。画面环境是“孤松盘郁，上有凌霄缠络，红绿相间。下有大石案，陈设古器瑶琴，芭蕉围绕”。画中与会的十六位文友一一介绍：“其着乌帽黄道服捉笔而书者，为东坡先生；仙桃巾紫裘而坐观者，为王晋卿；幅巾青衣，据方几而凝伫者，为丹阳蔡天启；捉椅而视者，为李端叔；后有女奴，云环翠饰侍立，自然富贵风韵，乃晋卿之家姬也。……坐于石盘旁，道帽紫衣，右手倚石，左手执卷而观书者，为苏子由；团巾茧衣、秉蕉箑而熟视者，为黄鲁直；幅巾野褐，据横卷画归去来者，为李伯时；披巾青服，抚肩而立者，为晁无咎；跪而作石观画者为张文潜；道巾素衣、按膝而俯视者为郑靖老。后有童子执灵寿杖而立，二人坐于盘根古桧下，幅巾青衣，袖手侧听者为秦少游；琴尾冠、紫道服、摘阮者为陈碧虚；唐巾深衣、昂首而题石者为米元章；幅巾袖手而仰观者为王仲至；前有髯头顽童捧古砚而立，后有锦石桥、竹径，缭绕于清溪深处，翠阴茂密，中有袈裟坐蒲团而说无生论者为圆通大师；旁有幅巾褐衣而谛听者为刘巨济。二人并坐于怪石之上，下有激湍淙流于大溪之中，水石潺湲，风竹相吞，炉烟方袅，草木自馨，人间清旷之乐，不过于此！”神情毕现！

十六人皆为名动四夷的当代英杰，他们“以文章议论，博学辨识，英辞妙墨”驰名遐迩，所以，后人竞相追慕，马远、刘松年、赵子昂、钱舜举、唐寅、仇英、尤求、李士达、原济、丁观鹏、顾洛等，都画过《西园雅集图》，或白描，或设色，有手卷，有挂轴，展现了这一桩风雅盛事。

元代顾瑛，字德辉，别名仲瑛、阿瑛，昆山人。因爱桂花，自号金粟道人。家业豪富，三十岁后始读书，终于成为与杨维祯齐名的元末大诗人。据钱谦益《列朝诗集小传》记载，顾瑛年方四十，就将家产交付其子元臣，自己在茜泾之西卜筑园林别墅“玉山草堂”。草堂有亭馆二十四处，缭檐四周尽植梅与竹，珍奇之山石，瑰异之花卉，亦旁罗而列。堂之上，壶浆以为娱，觞咏以为乐。日夜与高人俊流置酒赋诗，顾德辉荟萃所得诗赋，亲手编成《玉山名胜集》。

明代吴中文士雅集结友之风甚盛，高启、徐贲、宋克等“北郭十友”，文徵明父子与袁表等的“闻德斋”客会，文徵明、陈淳等“东庄十友”等。

沈周的祖父沈孟渊的“西庄雅集”也颇有盛名。沈孟渊在相城的西庄，“有亭馆花竹之胜，水云烟月之娱”，“凡佳景良辰，则招邀于其地，觞酒赋诗，嘲风咏月，以适其适”。永乐初年，他驰书诸友邀约西庄雅集。与会者有青城山人王汝玉、耻庵先生金问、怡庵先生陈嗣初、中书舍人金尚素、深翠道人谢孔昭、臞樵翁沈公济等约十人。后由沈公济作《西庄雅集图》,杜琼为之序。

沈周的父亲沈恒吉、伯父贞吉，既能安守祖业，又能继承家风，于祖居附近创构有竹居，坚持高隐不仕，“日置酒款宾，人拟之顾仲瑛”。

沈周在有竹居“固喜客至，则相与燕笑咏歌，出古图书器物，摸抚品题，酬对终日不厌”，时徐有贞、刘廷美、文宗儒、吴宽等，皆有雅会于有竹居的诗咏。

刘廷美“致政归时，不修世事，惟筑山凿池于第中，日与徐武功、韩襄毅、祝侗轩、沈石田诸老游，号曰小洞庭，实寄兴于三万六千顷七十二峰间也。每集多联句之作,而先生为之图”。

沈周为魏昌园作了《魏园雅集图》【图6-10】。徐有贞有诗歌《题唐氏南园雅集图》:“吴中盛文会，济济多英彦。唐君贤父子，世入儒绅

图 6-10 明代沈周《魏园雅集图》

辽宁博物馆藏

选。园林足清赏，宾侣时游燕。竹下布棋枰，松间置琴荐。临池挥彩毫，接席披黄卷。深论今古情，高骋天人辨。觞酒肆清欢，赓诗惊白战。兰亭千载余，陈迹斯一变。图画传京师，闻风远相羡。寄言戒流靡，雅德庶堪践。”

屠倬（1781—1828）图绘于嘉庆二十五年（1820）的《皋园雅集图》，画严烺私宅花园即杭州皋园中文人雅集的情景，园中山石、林木环绕，笔墨苍润、意蕴古雅，据屠倬自题：是园“曲径转丛篁，疎篱通六枳。花间百尺楼，城曲三分水。静闻木犀香，无隐达禅理”。“主人富事业，砥柱仔肩荷。乡园暂息影，便结洛阳社”，画尾有屠倬、朱春生、郑璜、周三燮、马瑞辰、董士锡等十四家名流的长题，春秋值佳日，少长咸集，布席花间坐，即席分韵，清尊对花泻，诗意所不到，辄倩画图写。风雅欲继西园。

三　诗社画集

明代李东阳云：元季国初，东南士人重诗社，每一有力者为主，聘诗人为考官。隔岁封题于诸郡之能诗者，期以明春集卷私试，开榜次名，仍刻其优者，略如科举之法，今世所传惟浦江吴氏“月泉吟社”取罗公福为首，其所刻诗以和平温厚为主，无甚警拔，而卷中亦无能过之者云云。吴渭曾官义乌令，入元后退居吴溪，立“月泉吟社”，吴渭编《月泉吟社》载：至元丙戌、丁亥间，征《赋春日田园杂兴诗》，限五、七言律体，以岁前十月分题，次岁上元收卷，凡收二千七百三十五卷，延致方凤、谢翱、吴思齐评其甲乙。凡选二百八十人，以三月三日揭榜。

清初沈复《浮生六记·闲情记趣》的记载与《月泉吟社》相同：

> 萧爽楼有四忌：谈官宦升迁，公廨时事，八股时文，看牌掷色；有犯必罚酒五斤。有四取：慷慨豪爽，风流蕴藉，落拓不羁，澄静缄默。长夏无事，考对为会。每会八人，每人各携青蚨二百。先拈阄，得第一者为主考，关防别座。第二者为誊录，亦就座。余作举子，各于誊录处取纸一条，盖用印章。主考出五七言各一句，刻香为限，行立构思，不准交头私语。对就后投入一匣，方许就座。各人交卷毕，誊录启匣，并录一册，转呈主考，以杜徇私。

从萧爽楼的“四忌”看，这些人见面避谈官宦升迁，公廨俗事，也讨厌“八股时文”，应该是纯以文学自娱、自慰、自乐。

明清文人自由结社蔚然成风【图 6-11】。明代武英殿大学士王鏊少子王延喆为其父修筑了怡老园。王鏊晚年在此园中，日与沈石田、杨仪部

图 6-11 清代髡残《结社林泉图》
（日本）泉屋博古馆藏

结文酒诗社，苏州才子文徵明、祝枝山、唐伯虎等人也经常在园中写诗论文，前后长达十四年。

东山壑舟园，据王鏊在园记中所说，名流一时云集，歌诗作绘，酬唱不绝。清时苏州江村桥畔的“渔隐小圃”，清代王昶《渔隐小圃记》载：“春秋佳日，吴中胜流名士，复命俦啸侣无虚日，而远方贤士大夫过吴者，拿舟造访，填咽于江村桥南北，撙酒飞腾，诗卷参互。”

文徵明和王宠等人结吟社于隐士徐政在横山西南的别业凝翠楼等处。

苏州鹤园开展的活动有词集、诗钟、诗谜之戏、曲会、春节团拜活动等五种，当年鹤园四面厅上，觥筹交错，壶樽并举，平均每月有五六次。文人们在此，皆放浪形骸之外，然也未尝有酣醉傲狎之状。

1886 年，易顺鼎与郑文焯、张祥龄、蒋次香等创立吴社联吟。易顺鼎《吴波鸥语叙》云：“今年（光绪十三年丁亥）春，与叔问、子苾、叔由（顺豫）举词社于吴，次湘（蒋文鸿）自金陵至。四子皆嗜白石深于余，探幽洞微，穷极幼眇……叔向所居小园，命之以壶……数人者非啸于楼，即歌于园……”

怡园主人顾文彬工书，其子顾承、其孙顾鹤逸、曾孙顾公雄、公硕，均雅擅词章书画，收藏宏富。其时，百余年间，胜会多“画集”“诗会”“曲会”“花会”等。光绪二十一年（1895），顾鹤逸与吴大澂、陆廉夫、王同愈、顾若波、金心兰、吴昌硕、费念慈、倪墨耕、郑文焯、吴秋农、翁绶祺等 12 人创“怡园画集”，每月聚会三次，“研讨六法，切磋艺事”，观赏鉴定名人墨迹、文物古玩，或当场挥毫作画。顾鹤逸故世以后，其从子、山水画家顾彦平追慕前人业迹，于 1931 年春又重新组织了“怡园画社”，参加的有 23 名著名画家，成为艺林美谈。

苏州南半园又有隐社、半园女诗社、女学研会等在此吟咏集会。

结 语

中国古代文人、画家兼任园林设计师，以诗文构园，在世界园林中独树一帜，遂成中国文化“四绝”之一。园林主题通过“文字”即园林的“诗性品题”传达精神和感情，文字是语言的物质化，园名题咏和景名，是“园魂”和宋人所称的“诗眼”。

早在北魏孝文帝时园林单体建筑上就有采自儒家经典的题额，高祖提出“名目要有其义”，即给建筑物所题的名目都要有教化意义，不可放纵奢侈忘了节俭，安逸享乐忘了危险，所以堂题名“茅茨堂”云云，所题的名字如清徽堂、流化渠、洗烦池、观德殿、凝闲堂、步元庑、游凯庑都有含义。“名目要有其义”，开后世皇家园林景点题名之肇。唐代已是“竹庄花院遍题名”“七字君题万象清”了，讲究视“园魂”为“诗眼”。

宋代罗大经在《鹤林玉露》中说：画雪的人描绘不出雪的清气来,画月的人描绘不出月的光明来，画花的人描绘不出花的馨香来，画泉的人描绘不出泉的声音来，画人的人描绘不出人的感情来。“而文字模拟，足传神情。即情之最隐最微，一经笔舌，描尽殆写”。明清时期，园林的诗性品题完全成为对景境意象和心灵境界的一种审美概括，士人通过园林品题，将自己的审美理想、政治愤懑寄寓其中，园林成为重要的抒情载体、地上文章。

构园者使文心与画境融为一体，营构出如水月镜花般不可凑泊的纯美的诗画境界。诚然，如果本来没有崇山峻岭、茂林修竹的幽雅，非要借用王羲之“流觞曲水”的美名；绝少“鹿砦”“文杏”的佳胜，而非要冒托“辋川别业”的雅号，正如“嫫母”涂脂抹粉，只能使之显得更丑，这也是艺术规律。

中国古典园林这一纯美的诗画“境界”，是“虽由人作，宛自天开”的“人化自然”，即黑格尔所说的是“替精神创造”的“一种环境”，他们以独特的审美追求、理想意趣、宇宙哲学去构筑园林，以实现自身与天地宇宙之融合，而“精神”主要体现的是古代士大夫的人格精神。著名美学家费夏（F.T.Vischer,1807—1887）认为道德越高，蕴含的美便越多，道德的最高形式是人格。所以最高的艺术，是以最高的人格为对象的东西。

上品的中国园林，不仅在建筑、山水和植物等“器”中蕴涵着“道”，而且在园林雅藏、雅赏、雅玩中，同样积淀着中华数千年的文士风雅。虽然收藏、赏玩的具体物件可因人之好尚不同而千差万别，诸如叶公好龙、支遁好马、卫懿公好鹤、王羲之好鹅、齐王好竽、阮籍好锻、陆羽好茶、杜康好酒、戴凯好竹、苏轼好文房四宝等，“虽所好自异，然无所据依，殆无足取”！“所据依”者，依然是浸润着中华文化的道德品格精神，这就是形下之器启示着形上之道(即生命的旋律)!

中国的园林艺术是一种生活的艺术，园林精美的外观和高雅的陈设，使人们在日常生活中时时接触趣味高超、形制优美的物质环境，从而产生美好、积极有生命力的情愫和有利于健康的行为，因此，园林艺术虽不用说教的形式，却充分表现了和谐、向善、公正等道德力量！这才是一个民族的文化水平的尺度。

台湾学者贺陈词指出，中国文化是唯一把庭园作为生活的一部分的文化，唯一把庭园作为培育人文情操、表现美学价值、含蕴宇宙观人生观的文化，也就是中国文化延续四千多年于不坠的基本精神!

印度诗哲泰戈尔曾赞叹道：“世界上还有什么事情比中国文化的美丽精神更值得宝贵的！”

而园林是可观、可游、可居的文化！基于此，散文家曹聚仁先生才将古典园林甲天下的苏州，称为“古老东方的典型，东方文化，当于园林求之”！

浪淘尽，千古风流！中国古典园林大多成为过眼云烟，历经千难万劫留存至今的园林也打上了“洋灰”的疤痕，但即或断锦孤云，依然魅力四射！

古典园林提供给我们的古人生活起居习俗、社会礼仪变迁等是历史的物化；其天人合一的营构理念和诗意栖居的生存智慧，已经成为一种可持续发展的文化资源。

宗白华先生尝云：“历史上向前一步的进展，往往是伴着向后一步的探本穷源。李、杜的天才，不忘转益多师。16 世纪的文艺复兴追摹着希腊，19 世纪的浪漫主义憧憬着中古。20 世纪的新派且溯源到原始艺术的浑朴天真。”

昔日的中国古典园林作为世界上自然风景式园林的巨擘，不仅滋育了日韩园林，也影响了 18 世纪的欧洲：英国的“英中式花园”、法国巴黎花园内的中国式亭子、德国威廉“木兰村”旁的“吴江”山溪……今天，随着以苏式庭园“明轩”落户美国大都会博物馆后，“思退庄”“寄园”“苏州园林”“兰苏园”、逸园、蕴秀园等 30 多座中国古典式庭园相继落户异国他乡，成为中华文化永恒的贵宾和文化使者。

总之，中国园林艺术是在中国传统文化土壤中孕育、生长出来的，蕴含着儒、释、道等哲学思想，反映了中国人独特的审美趣味和审美感悟。中国古典园林的文化艺术精神生生不息！

参考文献

1. [晋] 葛洪 :《 西京杂记 》，北京 : 中华书局，1985 年。

2. [梁]萧统编:《 文选 》，北京:中华书局，1977 年。

3. 逯钦立校注 :《 陶渊明集 》，北京 : 中华书局，1979 年。

4. [明] 计成著 ; 陈植校注 :《 园冶注释 》，北京 : 中国建筑工业出版社，1988 年。

5. [明] 文震亨著 ; 陈植校注 :《 长物志校注 》，南京 : 江苏科技出版社，1984 年。

6. [明] 李渔 :《 闲情偶寄 》，北京 : 作家出版社，1996 年。

7. [明] 田汝成 :《 西湖游览志 》《 西湖游览志余 》，上海 : 上海古籍出版社，1985 年。

8. [清] 沈复 :《 浮生六记 》，北京 : 作家出版社，1996 年。

9. [清] 钱泳:《履园丛话》上下，北京:中国书店，1991年。
10. [清] 陈淏子:《花镜》，北京:农业出版社，1985年。
11. 刘敦桢:《中国古代建筑史》，北京:中国建筑工业出版社，1980年。
12. 童寯:《江南园林志》，北京:中国建筑工业出版社，1987年。
13. 孟兆祯:《避暑山庄园林艺术》，北京:紫禁城出版社，1985年。
14. 陈从周:《中国园林》，广州:广东旅游出版社，1996年。
15. 宗白华:《美学散步》，上海:上海人民出版社，1997年。

后　记

早在小学时代本人就迷上了《红楼梦》等连环画，甚至宁可饿一顿，也要省下钱去买上一本，直到如愿以偿地考上了北大中文系，一直以“酷爱”两字形容我对文学的情感。虽然我喜欢未名湖的塔影、流连颐和园的画廊、醉心拙政园的美景，但压根儿没有想到去研究、设计园林。

二十年前，出于偶然的机缘，我从文学之门走进了园林之门，真的是人境壶天、别有洞天：这里不仅有仙苑美景，还有《诗经》的“槃涧”、庄周的“漆园”、楚辞的“香洲”、陶渊明的“桃花源”、王维的“竹里馆”、姜夔的“闹红一舸”……徜徉其中，乐而忘归，劳而忘倦，从此潜心于此，“等闲插柳柳成荫”，享受着不断发现的乐趣！

著名园林学者陈从周先生早就阐发过：“中

国园林与中国文学盘根错节，难分难离。我认为研究中国园林，似应先从中国诗文入手，则必求其本，先究其源，然后有许多问题可迎刃而解。如果就园论园，则所解不深。”深得我心！古典园林绝非仅仅是负载着狭义使用功能的物质空间场所，营构古典园林也绝非一般的土木工程，而是与审美主体精神交相辉映、相得益彰的文化共生体，与古典文学同属于诗画艺术载体！

当然，尽管中国古典园林的外在意象人人看得见，但如中国的名画一样，“谛视斯境，一草，一树，一邱，一壑，皆灵想所独辟，总非人间所有。其意象在六合之表，荣落在四时之外”，园林之景蕴含的情感诉求只有有心人得之，形式对大多数人都是秘密，所以需要“解密”，“解密”本身就是一种莫大的艺术享受，不仅可使“鸢飞戾天”、“经纶世务”者“望峰息心”、“窥谷忘反”，也许还会像当年孔子听《韶》乐那样，三月不知肉味，发出“不图为乐之至于斯也”的浩叹！

本书是应长春出版社胡新编辑的盛情约请而写，本人也乐意将自己对园林“秘密”的发现与同好共赏，然中国园林文化博大精深，纸短言长，自然非本小书所能涵盖。且囿于本人知识结构的偏颇，自然会有挂一漏万及错误不当之处，欢迎识者批评指正。

感谢丛书主编及编委会诸先生对本书初稿提出的中肯意见，也感谢胡新编辑的精心编辑！

曹林娣

2016 年 10 月

于苏州